彩图 1　藠头

彩图 2　小根蒜

彩图 3　藠果分蘖与结构

彩图 4　藠头种苗

彩图 5　藠头苗期

彩图 6　藠头开花期

彩图7　薤头分蘖期　　　　　　　彩图8　薤头鳞茎膨大期

彩图9　薤头成熟期　　　　　　　彩图10　薤头开沟作畦栽培

彩图11　薤头厩箕覆盖栽培　　　　彩图12　薤头与果树间作栽培

彩图13　薤头丰产示范栽培　　　　彩图14　紫色、绿色与正常白色薤头

彩图15　藠头清洗

彩图16　净菜藠头

彩图17　鲜食藠头

彩图18　农贸市场净菜藠头

彩图19　净菜藠头包装

彩图20　净菜藠头运输

彩图21　盐渍薤头浸泡

彩图22　盐渍薤头

彩图23　凉菜甜酸薤头

彩图24　超市出售甜酸薤头

彩图25　甜酸薤头罐头

彩图26　袋装甜酸薤头

彩图27　超市辣椒拌泡薤头

彩图28　中药薤白

藠头
标准化生产与
加工技术

张可祯　张燕书　朱启才　主编

化学工业出版社

·北京·

本书以薤头的标准化生产与加工为主线，总结了薤头栽培与加工的实践经验和科研成果。将种植、加工方法与现行相关标准结合，系统地介绍了薤头标准化生产技术、轮作套种与软化栽培技术、病虫草害综合防控技术、采收与贮存保鲜技术，以及盐渍薤头、糖醋渍薤头等产品的生产与加工技术。

本书适合广大薤头栽培、生产、加工、经营人员和基层农技推广人员阅读，亦可供农业科研院校相关专业师生参考。

图书在版编目（CIP）数据

薤头标准化生产与加工技术/张可祯，张燕书，朱启才主编. —北京：化学工业出版社，2020.5
ISBN 978-7-122-36337-4

Ⅰ.①薤… Ⅱ.①张… ②张… ③朱… Ⅲ.①鳞茎类蔬菜-蔬菜园艺-标准化管理 Ⅳ.①S633-65

中国版本图书馆 CIP 数据核字（2020）第 034371 号

责任编辑：冉海滢　刘　军　　　　文字编辑：李娇娇　陈小滔
责任校对：盛　琦　　　　　　　　装帧设计：关　飞

出版发行：化学工业出版社（北京市东城区青年湖南街 13 号　邮政编码 100011）
印　　装：三河市延风印装有限公司
710mm×1000mm　1/16　印张 10½　字数 207 千字　插页：2
2020 年 6 月北京第 1 版第 1 次印刷

购书咨询：010-64518888　　售后服务：010-64518899
网　　址：http://www.cip.com.cn
凡购买本书，如有缺损质量问题，本社销售中心负责调换。

定　　价：49.00 元

本书编写人员名单

主　　编：张可祯　张燕书　朱启才

编写人员：陈锦任　张存涛　冯春水　厉招阳

　　　　　杨　锐　张　颖　张　敏　马江思

　　　　　周孟瑜　戴　典　彭子牛　周　雨

　　　　　刘博文　张端智　熊向宇　郑儒斌

　　　　　曾艳玲　聂莉娟　陈　刚　李招生

　　　　　马英洪

前 言 ▪▪▪▪▪ ▪▪▪▪
▪▪▪▪
▪▪▪▪

　　薤头（*Allium chinense* G. Don）又名薤（俗名薤子、荞头、菱头），属百合科（Liliaceae）葱属（*Allium*），为小鳞茎的多年生宿根草本植物，适应性广，抗逆性强，各种土壤均可种植，是我国国家卫生健康委员会公布的药食两用植物。薤头中含有多种氨基酸、多糖、钙、镁、磷、铁和多种维生素等营养成分，还有一些特殊的具有医疗保健作用的生物活性物质，如含硫化合物、皂苷化合物、含氮化合物等。薤头食用部分为肥大的小鳞茎和嫩叶，除少量作鲜菜炒食、煮食和晒干药用外，大部分用其鳞茎加工成盐渍薤头、甜酸薤头、酱薤头、泡薤头、薤头菜酱、薤头脯、薤头干、薤头汁饮料、薤头醋和其它药膳薤头等产品以供食用。这些产品具有增进食欲、帮助消化、健脾开胃等保健功效。尤其经过腌渍的薤头产品，颗粒整齐，质地洁白，口感脆嫩，风味独特，鲜甜而微带酸味，曾被列为清朝宫廷菜肴"满汉全席"的八大凉菜之一，深受广大消费者欢迎。薤头远销日本、韩国、新加坡、马来西亚、泰国等十多个国家和地区，一直是我国重要的出口农产品之一。在中医中，薤头与同属异种小根蒜的干燥鳞茎统称为薤白，其味辛、苦，性温，具有宽胸、理气等功效，用于缓解胸闷刺痛、肺气喘急等症状。现代医学研究发现，薤头还具有抑菌消炎、解痉平喘、抗血小板凝聚、抗氧化、抗肿瘤、降低血脂、抗动脉粥样硬化的功能。薤头既可食用又能入药，具有多种药理作用和保健功能，是现代绿色保健蔬菜，被誉为"菜中灵芝"。

　　薤头原产于我国，已有 3000 多年的种植历史，先秦时已被广为利用。以江西、湖南、湖北、广西、云南、四川、贵州等地栽培较多，目前全国种植面积超过 100 万亩（1 亩＝666.7m²），其中江西新建、湖南湘阴、武汉江夏梁子湖和云南开远等地区商品种植面积达 20 万亩，年产鲜薤 27 万吨，加工制品产量 8 万吨，薤头栽培面积和产量均居世界首位，薤头种植和加工已经成为带动部分农村经济发展的重要因素。由于薤头大量加工出口，我国薤头生产与加工均有较快发展，使薤头栽培技术、加工技术有了长足的进步。但目前存在农药滥用问题突出、基地环境污染严重、管理体系不健全等问题，造成薤头产品出口受阻现象发生。为了较好地满足薤头安全生产需要，减少生产与加工损失，提高薤头产品质量，逐步增强我国薤头产品在国内外市场的竞争力，加快我国薤头产业化经营，并推动薤头标准化生产与加工，我们编写了《薤头标准化生产与加工技术》一书，以国家现行标准与行业标准为依据，融薤头生产成功经验、最新研究成果和先进实用技术于书中，力求对薤头产业有所帮助。但由于技术性较强和各地情况不同，建议读者先试验再推广应用。

本书在编写过程中参考了很多文献资料，在此对这些资料的作者表示衷心感谢。同时得到了湖南省质量和标准化研究院的大力支持，湖南农业大学陈灿教授的大力帮助，在此谨表谢意。

由于笔者理论水平和实践经验有限，而薤头标准化生产与加工的新技术、新方法又发展很快，加上时间仓促，书中难免有不妥和疏漏之处，敬请各位同行、专家及广大读者批评指正。

编者

2019 年 10 月

目 录

第一章

薤头标准化生产与加工概述

第一节 薤头标准化生产与加工的概念

一、薤头标准化概述

(一) 薤头标准

标准是为在一定范围内获得最佳秩序，对活动或其结果规定共同的和重复使用的规则、导则或特性文件。该文件经协商一致制定并经一个权威机构批准。标准应以科学技术和经验的综合成果为基础，以促进最佳效益为目的。如为在一定范围内获得最佳秩序，对薤头相关活动或其结果规定共同的和重复使用的规则、导则或特性文件，则称为薤头标准。

1. 标准分类

(1) 按标准性质和功能分类

① 技术标准　对标准化领域中需要协调统一的技术事项所制定的标准。包括基础标准、产品标准、工艺标准、检测试验方法标准及安全、卫生、环保标准等。如按生产过程，薤头标准主要可分为种质标准、种子种苗繁育技术规程、产地环境标准、生产技术规程、采后处理贮藏技术规程和产品质量标准。

② 管理标准　对标准化领域中需要协调统一的管理事项所制定的标准。

③ 工作标准　对工作的责任、权利、范围、质量要求、程序、效果、检查方法、考核办法所制定的标准。

(2) 按标准的法律效应分类　分为强制性标准和推荐性标准。

(3) 按标准的级别和层次分类　分为国际标准、地区标准、国家标准、行业标准、地方标准、企业标准等。

2. 标准使用

藠头生产与加工企业要根据自己的实际情况来选择执行合适的标准组织生产与加工。如藠头产品申报了无公害农产品、绿色食品或有机食品时，应当执行与该产品相应的相关标准。具有国家标准时，一般均应当执行国家标准；没有国家标准时就应当执行行业标准；没有国家标准和行业标准的情况下，就执行地方标准；在还没有国家标准、行业标准和地方标准的情况下，则企业执行自己制定并经过备案的企业标准。

3. 藠头标准

藠头部分标准如下，可供藠头标准生产与加工中参考使用。

① 藠头栽培技术规程（DB43/T 314—2006）。

② 无公害食品　藠头生产技术规程（DB36/T 514—2007）。

③ 绿色食品（A级）藠头生产技术要求（DB43/T 315—2006）。

④ 藠头生产技术规程（DB430624/T 001—2005）。

⑤ 藠果栽培技术规范（HNZ 常德 020—2013）。

⑥ 鲜藠质量要求（DB430624/T 002—2005）。

⑦ 藠头加工工艺要求（DB430624/T 003—2005）。

⑧ 湘阴藠头（DB43/ 312—2006）。

（二）藠头标准化

藠头标准化是按照工业化的理念，以藠头为对象，运用统一、简化、协调、优选的原则，将科学技术、生产实践和管理经验整合转化为标准，实施应用于藠头产前、产中、产后各个环节，使之规范、有序、高效的行为。实现产地环境、生产过程、手段设施、管理服务、产后处理五个环节标准化。

发展现代藠头产业，根本途径是不断提高藠头生产经营标准化、专业化、规模化和集约化水平。专业化分工需要标准化支撑，规模化生产需要标准化指导，集约化经营需要标准化管理。保障食品安全，提高市场竞争，促进产业发展，迫切需要全面深入推进藠头标准化。

二、藠头标准化生产

藠头标准化生产是指藠头生产过程中的产地环境、生产过程和产品质量符合国家或行业的相关标准，产品经质量监督检验机构检测合格，通过有关部门认证的过程。藠头标准化生产的内容主要包括藠种标准化、藠头生产技术规程标准化和藠头产品（鲜藠）质量标准化。

广义的藠头标准化生产，就是藠头生产产前、产中、产后，以及包装、加工、经营、销售等活动，以安全、优质、环保为原则，严格按照国际、国内标准，进行全程控制。

三、藠头标准化加工

藠头标准化加工是指运用标准化的"统一、简化、协调、优选"原则，对藠头加工前、加工中、加工后全过程，通过制定标准和实施标准，促进藠头加工业的发展，确保藠头的质量与安全的活动。藠头标准化加工的标准主要包括加工原料等级、生产与加工技术、质量控制与管理、产品质量安全及其检测检验方法、包装标识、储运、销售等标准。

第二节 藠头标准化生产与加工体系

确保农产品质量和产业可持续发展是藠头标准化的基本前提，完善标准化体系是实施藠头标准化的技术基础，健全工作和管理制度是推进藠头标准化的有力保障，获得最大综合效益是藠头标准化的最终目的。

一、藠头标准化体系构建

（一）农业标准化体系定义

农业标准化体系是指一定范围内的农业标准按其内在科学联系形成的有机整体，为了规范农业产前、产中、产后全过程的技术措施和管理要求，由国家、行业、地方和企业标准所形成的相互配套的质量控制标准化体系。构建科学、完整的农业标准化体系，是农业标准化一项十分重要的基础工作。

（二）农业标准化体系分类

农业标准化体系有技术标准体系、管理标准体系和工作标准体系。

1. 农业技术标准体系

农业技术标准体系是指在农业生产、加工、流通和销售过程中，对每个关键环节进行技术规范，制定相应技术准则、技术规程、质量要求等，从而构建的较完整的质量控制技术标准体系。农业技术标准体系主要由技术基础标准、基地建设标准、种子种苗标准、生产技术标准、农产品采收加工标准、农产品质量标准、农产品流通销售标准和其它技术标准等几类技术标准组成。

2.农业管理标准体系

农业管理标准是为了保障技术标准实施，落实农产品质量控制制度而制定的具体管理要求。主要包括农业环境管理标准、农业生产管理标准、农产品经销管理标准、农产品质量控制标准等几个方面的管理标准。

3.农业工作标准体系

在农业生产管理过程中，为保证各项技术标准和管理标准实施到位而制定的各项工作规章、作业规范等，是单位内每个部门、每个生产环节、每个工作岗位具体要遵循的工作标准。以藠头加工企业工作标准为例，各部门、车间要根据所从事的工作制定工作规章；生产过程中每个质量控制关键环节和每道生产工艺过程要制定作业规范；企业不同层次的管理人员、不同部门的工作人员要制定岗位责任制度。

（三）标准化体系构建

藠头生产经营一般分为种苗繁育、基地建设、栽植、采收、采后处理与加工、分等分级、包装、贮运、销售及售后跟踪等过程，在构建标准化体系时，按照藠头产业链各环节紧密衔接要求，每个环节可制定一个标准，将藠头产业链各环节的标准集成一个较完整的标准化体系。

目前，藠头生产与加工技术主要推行采用有机农业生产有机食品、生态农业生产绿色食品和环保农业生产无公害食品的生产与加工技术发展模式。藠头生产在产前、产中、产后所采取的条件、操作规程、采收、运输、加工、包装、贮藏等要求或标准不同，标准体系也不尽相同，具体有无公害藠头标准化体系、绿色藠头标准化体系和有机藠头标准化体系。每个生产级别标准化体系一般应包括环境质量标准（土壤、空气和水质标准）、生产操作规程、产品质量标准、包装储藏和运输标准及其它相关标准（包括产品标识、环境及产品的抽样和检测、管理标准或规程等）几个部分。

二、无公害藠头标准化体系

无公害藠头是指产地环境、生产过程和产品质量符合国家有关标准和规范的要求，经认证合格获得认证证书并允许使用无公害农产品标志的未经加工或者初加工的藠头产品。无公害藠头标准化体系主要包括产地环境质量标准、生产技术规程和产品标准等。

1.无公害藠头产地环境质量标准

目前，在执行中的无公害农产品蔬菜产地环境标准为 NY/T 5010—2016《无公害农产品　种植业产地环境条件》。该标准规定了无公害农产品产地的空气、灌溉水和土壤等的各项指标以及浓度限值，一是强调无公害农产品必须产自良好的生态环境地域，以保证无公害农产品最终产品的无污染、安全性，二是促进对无公害农产品产地环境的保护和改善。

2. 无公害薤头生产技术规程

无公害薤头生产技术操作规程，规定了无公害薤头生产过程中，在播种、施肥、灌溉、喷药及收获等各个生产环节必须遵守的程序和加工过程中食品添加剂使用准则。从事无公害薤头生产加工的单位或者个人，应当严格按规定使用农业投入品（主要包括农药、肥料及添加剂）。禁止使用国家禁用、淘汰的农业投入品。无公害薤头生产技术规程的核心是控制生产加工过程中农药、化肥和食品添加剂等污染源对薤头产品的污染。

薤头生产技术操作规程有以下方面：

（1）产地选择和管理　包括产地选择、产地管理、建立合理的耕作制度、土壤管理等。

（2）种子、化肥、农药等投入品管理　包括采购管理、自制农用投入品的要求、农用投入品的贮存要求等。

（3）种子的使用管理　包括选择高产优质的抗病虫品种和播种前种子处理。

（4）肥料施用管理　以有机肥为主，化肥为辅；施足基肥，适时追肥；科学测土配方施肥；注意化学影响，并建立施肥档案记录。

（5）灌溉管理　要保证灌溉水质量，制订合理的灌溉方法和选择合理的灌溉方式。

（6）作物保护　预防为主，综合防治，注意农药安全使用。

（7）采收　包括卫生要求、采后处理、贮存和质量要求。

（8）包装与运输　包括卫生要求、包装材料、包装标识和运输。

（9）员工管理　包括人员配备、培训、安全、福利以及员工分配的设施、设备等。

（10）建立薤头质量追溯体系。

3. 无公害薤头产品标准

无公害薤头产品标准是衡量无公害薤头最终产品质量的指标尺度。它虽然跟普通食品的国家标准一样，规定了食品的外观品质和卫生品质等内容，但重点突出了安全指标，安全指标的制订与当前生产实际紧密结合，并符合 NY/T 2978.1—2015《无公害农产品　生产质量安全控制技术规范　第1部分：通则》的要求，无公害薤头产品标准反映了无公害薤头生产、加工、管理和控制的水平，突出了无公害薤头无污染、食用安全的特性。

无公害薤头的包装运输要求一般在其产品标准中都有规定，除了应避免产品污染外，一般没有特殊要求。凡获得无公害农产品认证证书的薤头产品在包装上都要标明无公害标志。

4. 无公害藠头认证管理技术规范

无公害食品标准化体系构架中的 7 项通则类规范《产地认定规范》《产品认证规范》《认定认证现场检查规范》《产品抽样规范》《认证产品检验规范》《认证检查员注册准则》及《标志使用管理规范》均适用于藠头无公害食品的认证管理。

三、绿色藠头标准化体系

（一）绿色食品等级

绿色食品是指产自优良生态环境、按照绿色食品标准生产、实行全程质量控制并获得绿色食品标志使用权的安全、优质食用农产品及相关产品。其根据等级又分为 AA 级绿色食品和 A 级绿色食品。

1. AA 级绿色食品

产地环境质量符合 NY/T 391—2013《绿色食品　产地环境质量》的要求，遵照绿色食品生产标准生产，生产过程中遵循自然规律和生态学原理，协调种植业和养殖业的平衡，不使用化学合成的肥料、农药、添加剂等物质，产品质量符合绿色食品产品标准，经专门机构许可使用绿色食品标志的产品。

2. A 级绿色食品

产地环境质量符合 NY/T 391—2013 的要求，遵照绿色食品生产标准生产，生产过程中遵循自然规律和生态学原理，协调种植业和养殖业的平衡，限量使用限定的化学合成生产资料，产品质量符合绿色食品产品标准，经专门机构许可使用绿色食品标志的产品。

AA 级绿色食品比 A 级绿色食品安全标准要求高，它可与有机食品媲美。

（二）绿色食品标准化体系

绿色食品标准化体系由产地环境质量标准、生产技术标准、产品标准、包装标签标准和贮藏运输标准及其它相关标准六个部分构成，这六项标准对绿色食品产前、产中和产后全过程质量控制技术和指标作了全面的规定，构成了一个科学、完整的标准化体系。

1. 绿色藠头产地环境质量标准

绿色藠头产地环境要求执行 NY/T 391—2013，该标准规定了产地的空气质量、灌溉水质量、土壤环境质量的各项指标和浓度限值及监测评价方法，提出了绿色食品产地土壤肥力分级和土壤质量综合评价方法。

2. 绿色藠头生产技术标准

绿色食品生产过程的控制是绿色食品质量控制的关键环节。绿色食品生产技术标准（规程）是绿色食品标准化体系的核心，包括绿色食品生产资料使用准则和绿色食品生产技术操作规程两部分。

① 绿色食品生产资料使用准则是对生产绿色食品过程中物质投入的一个原则性规定，它包括 NY/T 393—2013《绿色食品　农药使用准则》、NY/T 394—2013《绿色食品　肥料使用准则》、NY/T 392—2013《绿色食品　食品添加剂使用准则》。对允许、限制和禁止使用的生产资料及其使用方法、使用剂量、使用次数和休药期等做出了明确规定。

② 绿色食品生产技术操作规程是以上述准则为依据，用于指导绿色食品生产活动、规范绿色食品生产技术的技术规定，包括农产品种植、食品加工等技术操作规程。

3. 绿色薤头产品标准

绿色薤头产品标准从感观要求、理化要求和卫生要求等方面提出了对绿色薤头产品的质量要求。

① 绿色薤头产品的卫生指标一般分为三个部分：农药残留、有害重金属和微生物指标等。其指标主要表现为对农药残留和重金属的检测项目种类多、指标严。而且，使用的主要原料必须是来自绿色食品产地的、按绿色食品生产技术操作规程生产出来的产品。

② 感观品质包括外形、色泽、气味、口感、质地等，其要求严于同类非绿色食品。

③ 营养品质包括应有的成分指标，如蛋白质、脂肪、糖类、维生素等，这些指标均不低于国家标准的要求。

绿色食品产品标准反映了绿色食品生产、管理和质量控制的先进水平，突出了绿色食品产品无污染、安全的卫生品质。

4. 绿色薤头包装标签标准

① NY/T 658—2015《绿色食品　包装通用准则》规定了进行绿色产品包装时应遵循的原则，包装材料选用的范围、种类，包装上的标识内容等。要求产品包装从原料、产品制造、使用、回收和废弃的整个过程都应有利于食品安全和环境保护，包括包装材料的安全、牢固性，节省资源、能源，减少或避免废弃物产生，易回收循环利用，可降解等具体要求和内容。

② 绿色食品产品标签，要求符合《中国绿色食品商标标志设计使用规范手册》规定，该手册对绿色食品的标准图形、标准字形、图形和字体的规范组合、标准色、广告用语以及在产品包装标签上的规范应用均作了具体规定。

5. 绿色薤头贮藏运输标准

NY/T 1056—2006《绿色食品　贮藏运输标准》对绿色食品贮运的条件、方法、时间作出了规定，以保证绿色食品在贮运过程中不遭受污染、不改变品质，并有利于环保、节能。

四、有机藠头标准化体系

有机食品指来自于有机农业生产体系，根据有机农业生产要求和相应标准生产、加工，并且通过合法的、独立的有机食品认证机构认证的农副产品及其加工品。标准除欧盟标准、美国标准、日本标准外，中国标准有 GB/T 19630—2019《有机产品　生产、加工、标识与管理体系要求》。

有机食品标准体系一般由产地环境质量标准、生产技术标准、产品标准、产品包装标准、贮藏与运输标准、标识与销售标准及管理体系标准构成。

1. 有机食品产地环境质量标准

有机食品初级产品和加工产品主要原料的产地，其生长区域内没有工业企业的直接污染，水域上游和上风口没有污染源对该地区域直接构成污染威胁，从而使产地区域内大气、土壤、水体等生态因子符合有机食品产地生态环境质量标准，并有一套保证措施，确保该区域在今后的生产过程中环境质量不下降。

2. 有机食品生产技术标准

有机食品种植、食品加工各个环节必须遵循的技术规范。该标准的核心内容是：在总结各地藠头种植、藠头加工等生产技术和经验的基础上，按照有机食品生产资料使用准则要求，指导有机食品生产者进行生产和加工活动。

3. 有机食品产品标准

有机食品产品必须由定点的食品监测机构依据有机食品产品标准检测后可认定合格。有机食品产品标准是以国家标准为基础，参照国际标准和国外先进技术制定的，其突出特点是产品的卫生指标高于国家现行标准。

4. 有机食品产品包装标准

有机食品产品包装标准规定了产品包装必须遵循的原则、包装材料的选择、包装标识内容等要求，目的是防止产品遭受污染、资源过度浪费，并促进产品销售，保护广大消费者的利益，同时有利于树立有机食品产品整体形象。

5. 有机食品贮藏与运输标准

GB/T 19630.1《有机产品　第 1 部分：生产》和 GB/T 19630.2《有机产品第 2 部分：加工》规定了有机生产、加工的通用规范和要求。对按 GB/T 19630.1生产和 GB/T 19630.2 加工的产品进行贮藏和运输做出了规定。

6. 有机食品标识与销售标准

GB/T 19630.3《有机产品　第 3 部分：标识与销售》规定了有机产品标识和销售的通用规范及要求。适用于按 GB/T 19630.1 生产或 GB/T 19630.2 加工并获得认证的产品的标识与销售。

7. 有机食品管理体系标准

GB/T 19630.4《有机产品　第4部分：管理体系》规定了有机产品生产、加工、经营过程中必须建立和维护的管理体系的通用规范和要求。适用于有机产品的生产、加工、经营者。

第三节　藠头标准化生产与加工的意义

藠头标准化生产与加工是科技成果转化为现实农业生产力的有效途径，是提升农产品质量安全水平、增强市场竞争力的重要保证。只有制定并实施标准，才能把藠头生产的各个环节全面纳入系统化和规范化轨道，才能提高农产品质量，确保消费安全，使经济效益、社会效益和生态效益都达到最佳。

（一）藠头标准化生产加工是保障农产品质量安全的基本前提

藠头产品中的有害物质主要来源有农药、化肥、工业"三废（废气、废水、废渣）"及蔬菜加工、运输、贮藏、销售中被人工合成的防腐剂、色素等。近年来，因农药残留和其它有毒有害物质超标而导致农产品污染和食物中毒的事件时有发生，这在一定程度上影响着消费者的身体健康和生命安全。解决这一问题的根本措施，就是逐步实现农产品生产、加工、包装、储藏、流通等环节的标准化。同时尽快建立起与现代农业和农村生产力发展水平相适应的农产品质量安全标准、检验检测和产品认证三大保障体系，以确保藠头标准化的实施。

（二）藠头标准化生产加工是提高市场竞争力的重要手段

目前国内大部分城市实行农产品市场检测和准入制度，国际上有贸易技术壁垒，如果产品的质量不能达到有关标准的要求，产品就很难进入市场。"绿色壁垒"是国际贸易中进口国政府以保护生态环境、自然资源、人类健康及动植物限额为目的，通过颁布环境法规、条例，建立严格的环境技术标准，制订详尽的检验、鉴定、审批程序等，对进口农产品设置的贸易障碍。如因农药残留和其它有毒有害物质超标，产品被拒收、扣留、退货、销毁，买方要求索赔和中止合同的现象时有发生，国外设置的"绿色壁垒"抬高了我国藠头出口的门槛，给我国对外贸易造成了巨大损失。加快制定标准和实施标准化生产加工，将全面改善藠头品质，提高内在和外观质量，从而促进扩大市场占有份额，更有助于打破国外贸易技术壁垒，增加出口，提高农民收入使国产藠头驰名中外。

（三）藠头标准化生产加工是发展现代农业的必要途径

实施藠头标准化生产与加工，是推动藠头产业化发展的前提，是现代农业发展的必由之路。一家一户式的生产经营模式已不能适应现代农业发展的需要，需要有企业、农民协会等组织形式将分散的农户组织起来，形成"企业＋农户""农民协会＋农户"或"订单农业"等生产加工模式，在生产过程中用生产与加工技术规程等标准指导农户生产加工，统一技术，规范生产，将产品标准作为产品收购的依据，把千差万别的生产模式和产品统一起来，使生产实现规模化、规范化、产业化和现代化。薤头标准化既是一种经济管理手段，也是一种基础技术性手段，更是新时期传统农业向现代农业转变的重要载体和标志。实施薤头标准化，有利于提高薤头生产的科技含量，更有利于薤头生产由粗放经营向集约经营转变。

（四）薤头标准化生产加工是规范市场秩序的重要依据

由于品种不同、种植地区不同、生产加工条件不同，生产出来的薤头在质量上就会有差异，按标准实行优质优价，有利于保护农民的利益，防止出现假冒伪劣产品，有利于保障食品安全和消费者的利益，有利于实行无公害、绿色、有机产品认证以及产品出口。

（五）薤头标准化生产加工是改善生态环境、促进农业可持续发展的需要

由于缺乏科学指导，我国工业污染和城乡生活污染较为严重，农业生产中滥用农药、化肥等现象比较普遍。这些污染不仅影响身体健康，而且影响到土壤和水体，破坏了人类赖以生存发展的生态环境。标准化生产的实施，有助于不断提高农民科学用药、合理施肥和规范生产管理的自觉性，可防止因农药、化肥的大量无效使用而污染环境，促进经济、社会、生态的协调发展。

但是加工、包装、储藏、流通等环节的标准化，其基础还是农业生产的标准化。只有生产出符合国家标准、国际标准的农产品，才能将产品推销出去，才能树立自己的品牌形象，提高市场竞争力和市场占有率，同时实现经济效益、社会效益和生态效益的最大化。

第四节 薤头标准化生产与加工的现状与对策

我国薤头栽培面积和产量均居世界首位，尤其加工品一直是重要的出口农产品。随着国际农产品贸易战的加剧和国家、行业、地方标准的相继颁布和实施，薤头标准化生产与加工取得了一定的进展，在全国薤头的几大主产地，如江西新建、湖南湘阴等地，薤头标准化生产与加工正在政府及薤头生产协会等组织的推动下，大力推广实施，薤头标准化生产基地不断增多，加工规模不断扩大，标准化体系不断健全。

虽然制定了一些薤头无公害农产品、绿色食品生产加工技术标准，但薤头标准化生产与加工还存在许多问题：一是全社会的标准化生产加工的意识还很淡薄；二是薤头标准的制定与实施缺乏有效的组织和配套措施；三是现行的标准与国际标准接轨不够；四是检测体系建设不完善；五是农资市场有待规范；六是市场机制不健全，产品认证少、市场准入未全面实施。各地生产的薤头产品质量参差不齐，真正形成品牌的不多，而且实施标准化生产的薤头主产区，真正按标准实施生产的种植面积有限，按标准化加工的数量不是很多，薤头标准化生产加工仍任重道远。为推动实施薤头标准化生产与加工，应着重做好以下几方面的工作：

（一）健全薤头标准化体系

基于我国现行的部分农业标准仍存在不适应形势发展需要或与国际难以接轨等现象，在现有国家、行业和地方标准的基础上，参照有关国际标准，进一步制定出从生产环境、生产过程到产品品质、加工包装等的一系列标准，使薤头生产的每一个方面都纳入标准化管理的轨道，形成一整套完善的全程标准指标体系。薤头标准的制定，要坚持高起点、高标准，使产前、产中、产后标准相互配套。同时，要根据国内外市场的变化，对这些标准不断修订和完善。

（二）推广薤头标准化体系

薤头标准化只有被推广和利用，才能变为现实的效益和成果。推广薤头标准化生产体系是标准化工作的重要环节。一是做好宣传。多渠道、多形式地大力宣传标准化在薤头生产加工中的作用，提高薤农对标准化的认识，增强实行薤头标准化生产加工的紧迫感和责任感。二是推广标准。在推广薤头生产加工技术的同时，将相关标准寓于其中，使薤农在掌握薤头生产加工技术的同时，熟悉和掌握农业标准化的知识和方法。三是监督检查。加强贯彻薤头标准化的监督检查，确保标准得以正确地贯彻执行。四是示范带动。贯彻执行标准，实际操作指导，培育示范户，以点带面推广各类农业标准。

（三）建立薤头产品质量监测体系

切实加强质检机构建设，不断提高检测能力，进一步加强对农产品、农业投入品和农业环境质量的检测和监督。加强对薤头生产基地、龙头企业的产品监控，从源头对农产品实行质量把关，并在批发市场开展好质量检测服务。把薤头生产从环境到产品的每一个环节都纳入到检测监督的范围。

（四）建立薤头产品评价认证体系

实行农业标准化生产的目的就是提高农产品质量，实现农业增效、农民增收。在大力实施农业标准化生产的过程中，要进一步提升农产品的价格，增强市场竞争力，就必须与农产品的品牌经营实行有效结合，通过品牌来提升价格，通过标准化生产提高产品质量，所以标准化生产是基础，品牌化经营是手段，两者相辅相成，融为一体，缺一不可。如果单一实施标准化生产，不实行品牌化经营，那么，标准化生产即使搞得很好，也根本不可能实现农业增效、农民增收的目标。所以农产品的品牌化经营和市场化营销是开展农业标准化生产的前提和唯一选择。因此建立薤头无公害、绿色和有机产品评价认证体系，以薤头产品大品牌扩大市场，在激烈的市场竞争中塑造良好的薤头产品品牌效应，以此来推动薤头标准化生产与加工进程。

薤头标准化是一项系统工程，这项工程的基础是薤头标准化体系、薤头质量监测体系和薤头产品评价认证体系建设。三大体系中，标准化体系是基础中的基础，只有建立健全涵盖农业生产的产前、产中、产后等各个环节的标准化体系，薤头生产经营才有章可循、有标可依；质量监测体系是保障，它为有效监督农业投入品和农产品质量提供科学的依据；产品评价认证体系则是评价农产品状况，监督农业标准化进程，促进品牌、名牌战略实施的重要基础体系。薤头标准化工程的核心工作是标准的实施与推广，是标准化基地的建设与蔓延，由点及面，逐步推进，最终实现生产的基地化和基地的标准化。同时，这项工程的实施还必须有完善的薤头质量监督管理体系、健全的社会化服务体系、较高的产业化组织程度和高效的市场运作机制作保障。

第二章

薤头标准化生产技术

薤头生物学特性及对环境条件要求

一、形态特征

薤头属百合科葱属，为植物基部能形成小鳞茎的多年生宿根草本植物，现作二年生蔬菜栽培。通常不结种子，用鳞茎进行无性繁殖。一株完整的薤头植株包括根、茎、叶、鳞茎、花茎和花等。

1. 根

薤头没有主根，根是从鳞茎基部的茎盘上发生的，为白色弦状须根，一般每丛（蔸）70～80 条，多的达 100 条以上，入土深度和横展范围为 25～30cm，生长盛期根系发达，根粗 1.5～2mm，长 18～25cm。

薤头根随着植株生长量的增加而增加，新的鳞茎分裂出来后，其茎盘面积增加，就会在新的茎盘上产生新的根系。根的数量和鲜重一直趋于上升，到 3 月中旬达到最高，平均每丛 67.2 根、21.8g，以后趋于平稳，到 5 月底，随着地上部分开始枯黄，地下根也逐渐枯死。根的长度到 10 月中旬为 14.9cm，12 月底之后一直稳定在 20cm 左右。

2. 茎

薤头植株的茎为地下茎，为盘状短缩茎，位于鳞茎基部，称为鳞茎盘，黄白色，上部着生由叶鞘形成的鳞茎。鳞芽生于茎盘上鳞片基部，鳞芽不断分化产生新的叶片形成分蘖（苗），当分蘖（苗）有 2 片以上时又产生新的鳞芽（腋芽），随着鳞茎的膨大，新鳞芽继续生长，形成新的分蘖（苗），分蘖（苗）基部鳞片增厚后与母鳞茎裂开形成新的鳞茎，由于薤头的分蘖（苗）都是鳞茎盘基部侧芽萌发形成的，新的鳞茎数个都聚生在一个茎盘上，极易分裂，下部密生须根。

3. 叶

藠头的叶分为叶身和叶鞘，一般所说的叶片是指叶身，叶身下面是叶鞘，叶鞘最后形成"藠柄"和"鳞茎"。藠柄又叫假茎，指藠头鳞茎上部至空心叶之间叶鞘包裹的白色细长部分，是由叶鞘层层紧密包裹而成的圆筒状组织，长约5～7.8cm，宽辐3～4mm。鳞茎由肉质鳞片叶重重包围而成，在藠头收获季节多达7～8层鳞片。

藠头叶片丛生，基叶数片，细长、中空，横切面略呈三角形，表面有3～5个不明显的棱，浓绿色，略带蜡粉，稍有特殊气味。根据叶宽的不同可细分成大叶种和细叶种两类：大叶种的叶粗大刚直，长30～50cm，宽4～8mm，叶尖稍呈弯形，基部微带茶褐色；细叶种的叶纤细柔软，易倒伏，长25～30cm，宽2～4mm。

藠头从出苗开始长叶到收获时，一个种藠一生平均能长65叶（各分球叶片总和），多的达80叶，但绿叶数一般在35～40片，每个分蘖株总基叶4～7片，少数7片以上。叶的寿命从叶露心到整片叶枯死，约2个月，如10月4日露心的叶片，到11月5日达到34cm，以后不再伸长，到11月25日叶尖开始黄化，12月3日全叶枯死。叶的功能期约1个月。叶片在整个生育阶段，其生长量（伸长速度）也是不同的，4月、5月、9月、10月气温适宜，叶片伸长快。

4. 鳞茎

鳞茎是指藠头根系以上的膨大部分，常叫藠头、藠子，包括鳞芽（分蘖芽）、鳞片（叶鞘）和短缩茎（茎盘）三部分，它是由稍肥厚的叶鞘（鳞叶）基部层层抱合而成，实际上是一种叶的变态。鳞茎的形状因品种不同，分为长卵形、短纺锤形、牛腿形或鸡腿形，长3.2～4.2cm，横径1.8～3.2cm。外皮（鳞片）因营养物质消耗而成膜质，白色或灰白色，鳞茎裸露见光后上皮稍现紫红色或绿色。鳞茎贮有丰富的养分和水分，是药用和食用的主要器官。一般藠头指采收后经拆苎去根割叶后的新鲜鳞茎，包括与鳞茎相连的一部分藠柄。

鳞茎（种藠）生长中不断产生分蘖苗，分蘖苗基部鳞片肥大形成新的鳞茎。藠头分蘖是一个连续、动态的过程，在鳞茎膨大的前期就开始形成鳞芽。鳞茎盘在分蘖前只有一个主芽，当鳞茎膨大生长后，腋芽开始活动形成鳞芽。一般种藠苗长出两片叶后，即可产生分蘖（苗），分蘖从母鳞茎基部向上开裂，基部相连，当分蘖（苗）叶片达2片以上时则母茎与子茎逐渐裂开形成新的鳞茎，并且同时母茎和子茎分别不断产生新的分蘖。由于母茎比子茎发育好些，母茎再次分蘖比子茎分蘖要快些，因此，不同时期观看鳞茎横断面，有一分为二（一母一子共两个分蘖）或一分为三（母茎又已分蘖变为二时另一子茎还未分蘖，此期共为三个分蘖）两种情况。单鳞茎分蘖变成2～3个分蘖（苗），解剖看其基部外围包裹着2～3层肉质鳞片，当外层肉质鳞片消耗变成的膜质因分蘖（苗）基部膨大而裂开形成2～3个新鳞茎时，新鳞茎又不断产生分蘖（苗）直至入夏，随着温度上升，叶片生长受到抑制，鳞茎膨大不再继续产生分蘖（苗）之后进入休眠期。鳞茎膨大期一般较大的鳞茎主芽在感应长日照下进行花芽分化，腋芽进行鳞芽分化。休眠期后，花芽抽薹、现蕾、开花，鳞芽生长叶片形成分蘖（苗）。花薹耗尽营养枯死基部不能形成鳞茎，而分蘖（苗）不断长大形成的鳞茎又分蘖，如此循环往复。

5. 花茎和花

在鳞茎形成和肥大过程中，植株感应长日照，于5～6月薤头鳞茎盘顶部（顶芽）的生长锥分化为花芽。薤头花芽分化率与种薤大小有关，通常 3g 以下的小种薤基本不抽薹，11～14g 的种薤抽薹率可达 50%～70%。初秋种植鳞茎，秋季即抽薹开花。抽薹后，花薹顶端有一伞形花序，其上着生 11～19 朵小花，花轴长 20～22cm，花柄 1.5cm；花有花瓣 6 枚，内外各 3 枚，心形，浅紫红；有雄蕊 6 枚，花丝 8～10mm，花药大小为 1mm×2mm，紫红色；单雌蕊，上位子房，花柱成针状，长 5mm。由于薤头栽培种多为三倍体、四倍体等多倍体植株（$2n=3x=24$，$2n=4x=32$），虽然在自然条件下能够开花，但因其小孢子败育空瘪，不能形成精子，大孢子及雌配子体发育异常，因此不能形成正常胚囊结构。雌雄配子体败育导致薤头只开花不结实，没有果和种子。

薤头开花迟早、开花期长短、植株开花数量多少，因品种而异。也有少数品种如衡阳丝薤（三倍体），不抽薹、不开花。

二、生长发育过程

（一）薤头生长规律

薤头一生历经四季，整个生长过程主要是根、茎、叶的生长，也就是营养生长。以鳞茎作种薤，播种后薤苗根、叶同时由母茎长出，薤根随着薤苗的分蘖增多而增加，随着薤叶的伸长加粗而深扎。薤苗长出两片叶后，即可产生分蘖（苗），当分蘖（苗）叶片达 2 片以上时则母茎与子茎逐渐裂开形成新的鳞茎，并且同时母茎和子茎分别继续产生新的分蘖，如此循环往复直至休眠期。鳞茎是薤头的主产品，它的生长与根、叶的生长同时进行，随着薤叶的生长，鳞茎逐渐增粗，进入后期，鳞茎迅速膨大而形成薤头产品。

（二）薤头生育周期

薤头田间栽培以鳞茎繁殖，属无性繁殖。从种薤播种到形成新的鳞茎、休眠，而完成生育周期。薤头生育过程长短，因地区、播种期、品种和气候条件不同而存在差异。一般在 9 月下旬至 10 月下旬播种，翌年 5～6 月份采收，种薤于 7 月份采收或在大田越夏，生长期 270d 左右。

从整个薤头生长动态观察看，其生长发育阶段性不是很明显，因为它是地上部和地下部生长并进，不是营养器官先生长发育。根据薤头的生长规律，方便制订薤头栽培技术，一般可将薤头的一个生育周期大致划分为6个阶段，各阶段生育期天数，由于栽培时间不同、品种不同、环境条件不同而存在差异。

1. 出苗期

薤头在日平均气温稳定在25℃以下时，于9月中下旬即可播种，薤头从播种到齐苗为出苗期。此期时长变数较大，一般如果土壤含水量在40%~60%，则30d内即可齐苗。旱地土壤湿度小，较水田出苗期长，秋旱年份出苗期延长至90d。

2. 秋冬分蘖、开花、长叶并进期

在10月上中旬至11月中下旬，薤头抽薹开花、长叶、分蘖同时进行，也有播后先抽薹开花再出叶然后再分蘖的现象。当日平均气温在15℃以上，即11月中旬前，薤苗的生长均能正常进行。把握好季节和墒情，早播早出苗，可以有充足时间在冬前长苗分蘖，因为冬前分蘖是产量形成的基础，直接关系到经济产量的高低。冬前分蘖还与土壤水、肥条件直接相关，所以在栽培上一是要施足基肥，二是在冬前适量施用苗肥，以获得高产。

此期分蘖数增加形成单个小鳞茎，同时鳞茎内原鳞芽不断分化。

3. 越冬期

12月上旬至次年2月中旬，气温较低，通常日平均气温在10℃以下，植物处于越冬阶段，薤苗生长、分枝数、分球数和单个鳞茎重增加缓慢，处于停滞生长期，所以称为越冬期或生育停滞期。

4. 春夏长叶分蘖速生期

2月下旬至5月上旬日平均气温均在15℃以上，薤苗地上部分的叶生长、分蘖进入一个高峰期，每亩日增生物产量接近甚至超过100kg，此期为春夏快速生长期或鳞茎形成期，是产量形成的关键期，同时也是病虫害频繁发生期。抓住这个经济产量形成关键期，做好肥、水管理和病虫害防治是获得高产的重要方法。一般3月上旬至4月上旬是鳞茎形成高峰期，种鳞茎（种球）内原鳞芽和冬前分化的鳞芽形成7~11个单个小鳞茎（分球）。

5. 鳞茎膨大期

随着4月上旬至5月下旬光照延长、温度上升，叶片生长受到抑制，叶鞘增厚，叶片老化加快，同化产物迅速向鳞茎转移，转入养分积累期。5月中旬至6月上旬，此期薤叶面积及分蘖数达到最高值，鳞茎膨大明显加快，单茎重是4月底的2~3倍，是经济产量形成的高峰期，此期为鳞茎膨大期。

鳞茎膨大期是薤头生长发育的关键时期。一方面，分蘖芽（包括种鳞茎内原鳞芽和冬前分化的鳞芽）在鳞茎膨大期发育为完全独立的分蘖株，形成肥大的鳞茎

（分球）；另一方面，每个鳞茎又产生新的分蘖芽，为下一栽培季节藠头的分蘖打下了形态和生理基础。此外，地上部和地下部生长率峰值都出现在鳞茎膨大期，因此，不论是对于丰产栽培还是种藠留种，加强鳞茎膨大期的栽培管理都极为重要。

6. 鳞茎休眠期

鳞茎肥大后期，25℃以上高温时植株就进入休眠，休眠期约一个月。植株已停止生长，地上部叶片和根系开始凋萎。在鳞茎（贮藏器官也是产品器官）形成以后，经过夏天，有一个被动的（或称强制的）休眠期。一遇到适宜的温度、光照及水分条件，即可发芽或抽薹。在主分蘖生长的鳞茎（即较大的鳞茎）生长点进行花芽分化，以后可抽薹、现蕾、开花。在进行花芽分化的同时也进行鳞芽分化。

藠头栽培过程中，不经过种子时期，也不必注意花芽分化问题及开花结果问题。但生产上必须注意播种期和采收期两个关键时期。

（三）藠头产量形成

藠头的经济产量由单位面积基本苑数、每苑分球数和单鳞茎重构成。这三个因素因品种、气候条件、土壤条件、水肥条件和栽培管理水平而异，它们是相互联系、相互制约和相互补偿的，只有在各因素协调的情况下，才能获得较高的产量与较好的品质，如种鳞茎越大，产量越高。因此，不仅要研究各因素的形成发展过程和决定时期，而且更要研究各因素间的相互关系与相互影响，充分认识藠头产量形成的过程，采取相应的栽培措施，协调各因素的发展，以达到预期的产量指标。在目前栽培条件下，藠头亩产可达 2500～3000kg。

影响鳞茎产量的变化指数有两个，一是分蘖数，二是单个鳞茎重。分蘖数从栽种后到 10 月中旬，没有分蘖，就是 1 个种鳞茎，随后慢慢增加，到 12 月底，分蘖数达到 3.6 个。之后的两个月，由于进入冬季，气温低，植株不再分蘖，一直保持在 3.6 个。到 3 月份开春后，气温和地温上升，植株分蘖加快，从 2 月底的 3.6 个增加到 6 月中旬的 10.8 个，3 个半月增加 7.2 个，相当于每半个月就产生 1 个新鳞茎。植株鳞茎重随着分蘖数的增加和分蘖的生长而逐渐增大，2 月中旬前以分蘖为主，单个鳞茎只有 3.2g，3 月份开始鳞茎进入膨大期，在分蘖数增加的基础上，鳞茎迅速膨大，单个鳞茎达到 7.6g。到收获时株鳞茎达 81.8g。生产上以鳞茎大和分蘖数多为栽培目标。分蘖数受品种、营养条件和环境条件等影响，不同品种、同品种不同单株之间有一定差异，但一般可进行 3～4 次分蘖，即播种时一个种藠（鳞茎），采收时可以得到 8～16 个鳞茎。此外，分蘖数还受母鳞茎大小的影响，大母鳞茎生育初期根系发达，叶生长旺盛，分蘖就多，但单鳞茎平均重量却常稍有减轻。分蘖同样与品种、营养条件和环境条件有关，品种不同分蘖快慢不同，同品种因种鳞茎或新的鳞茎大小不同以及气候条件的不同，分蘖快慢也不相同，分蘖快慢决定分蘖数。

三、对生长环境的要求

（1）温度条件　薤头生长发育适宜温度为15～20℃，30℃以上则休眠越夏，10℃以下生长缓慢或停止生长，能耐−6℃左右的低温，但长时间处于0℃以下叶片易受冻害，在南方地区可安全越冬。

（2）光照条件　薤头属长日照作物，长日照条件下有利于鳞茎发育。较耐弱光、耐荫，适宜间作和在果园内套种栽培，但在较强的日光下也能生长。

（3）水分条件　薤头生长期要求较高的土壤湿度和较低的空气湿度，薤头怕涝，相对耐旱。生长前期过湿，分蘖减少，后期过湿鳞茎减产。

（4）土壤条件　薤头对土壤要求不严格，适于多种土壤栽培，但以排水良好的疏松山地及沙壤土为好。薤头抗病力强，吸肥力也强，在沙壤土中易获高产，品质好，重黏土中薤头鳞茎多为圆形。薤头适于间套作，忌连作。

（5）营养条件　薤头对土壤养分要求不严，耐瘠薄而又耐肥。幼苗初期，主要靠种鳞茎内贮藏的养分，对土壤中的养分吸收很少。到了花茎伸长期和鳞茎膨大中期，根茎叶生长繁茂，同化和吸收功能进入盛期，总的吸收量逐渐达到最高值。到鳞茎膨大后期，植株趋向成熟，茎叶逐渐枯黄，根系老化，对土壤营养吸收能力则相对减弱。在鳞茎膨大期应适量追施氮肥，过多则易导致鳞茎组织疏松不利于加工。如果土壤中含硫较多，能增加鳞茎中硫化丙烯的含量，辛辣味增强。

薤头的根系弱，吸收力差，栽后茎叶长而疲软，不便施肥，根据这一特点，施肥时应坚持重施基肥的原则。后期施用追肥后应注意立即浇水，以利于吸收。

第二节　薤头生产品种选用和薤种生产

一、薤头生产品种选用

（一）品种类型与优良品种

1. 薤头起源与分布

薤头原产于我国，已有3700多年的种植历史，先秦时已被广为利用。以江西、湖南、湖北、广西、云南、四川、贵州等地栽培较多，目前在江西新建、湖南湘阴、武汉江夏梁子湖和云南开远等地区有大面积种植。在浙江和西藏还有野生种群。在俄罗斯、朝鲜、日本等国有分布和少量栽培。

2. 藠头、小根蒜、薤白的区别

目前对藠头（薤）与小根蒜两个物种及中药薤白的评价及描述比较混乱，不同产地存在同物异名及同名异物的现象。藠头（薤）是被子植物门单子叶植物纲百合目百合科葱属植物。古今文献中对藠头名称描述、叫法各地不一，由于葱属物种藠头无论在形态上或生理上都有许多特征和葱属另一物种小根蒜类似，且含有相似物质，因此有学者在研究时将藠头与小根蒜混杂在一起，或表述不清，或偏其一，甚至与中药薤白（即藠头或小根蒜干燥的鳞茎）也混杂在一起。为避免混乱，便于工作和学术交流、研究和应用，现将葱属内藠头和小根蒜两物种的特性以及中药薤白的特性分述如下，了解这些特性，对遗传育种、病虫害防治、野生植物的开发利用等都具有重要的指导意义。

（1）藠头（薤）　薤（*Allium chinense* G. Don），是植物学名，别名藠头（子）、荞头、菱头、薤头、莜子等，与小根蒜相似。主要特征为：鳞茎数枚聚生，狭卵状，直径 1～1.5cm；鳞茎外皮白色或带红色，膜质，不破裂。叶基生，2～5片；叶片具 3～5 个圆柱状的棱，中空，近与花葶长。花葶侧生，圆柱状，高 20～40cm，总苞膜质，2 裂宿存，伞形花序半球形，松散，花梗为花被的 2～4 倍，具苞片；花淡紫色至蓝紫色，花被片 6 枚，长 4～6mm，宽椭圆形至近圆形，钝头；花丝为花被片的 2 倍，仅基部合生并与花被片贴生，内轮的基部扩大，两侧各具 1齿，外轮的无齿；子房宽倒卵形，基部具 3 个有盖的凹穴；花柱伸出花被。花果期在 10～11 月。

（2）小根蒜　小根蒜（*Allium macrostemon* Bunge），是植物学名，别名野藠、野薤、山薤、天薤、野蒜、山蒜、胡葱、野葱、野菱头等，多年生草本植物，高 30～60cm。鳞茎近球形，直径 0.7～1.5cm，旁侧常有 1～3 个小鳞茎附着，外有白色膜质鳞被，后变黑色。叶互生；叶苍绿色，半圆柱状狭线形，中空，长20～40cm，宽 2～4mm，先端渐尖，基部鞘状抱茎。花茎单一，直立，高 30～70cm，伞形花序顶生，球状，下有膜质苞片，卵形，先端长尖；花梗长 1～2cm，有的花序只有很少的小花，而间以许多的肉质小珠芽，甚至全变为小珠芽；花被 6片，粉红色或玫瑰色；雄蕊 6 枚，比花被长，花丝细长，下部略扩大；子房上位，球形。蒴果倒卵形，先端凹入。花果期在 5～6 月。

总之，藠头与小根蒜的主要区别是：藠头鳞茎一蔸有多少根苗就有多少枚，并且鳞茎大小基本一致；鳞茎呈长卵形，鳞叶可层层剥离，直至把整个鳞茎剥完；花为淡紫色至蓝紫色，花序无珠芽，花茎偏向一侧。而小根蒜鳞茎一般是一蔸一个，有的有数个鳞茎，但只中间一个大，其余周围几个小；鳞茎呈类球形，鳞叶虽分层，但不能全部剥离；花为红色至粉红色，花期在 5～6 月，花序有珠芽，花茎则生长在正中处。

（3）薤白　为百合科植物小根蒜或藠头干燥的鳞茎，是传统的中药。北方多在春季，南方多在夏秋间采收。连根挖起，除去茎叶及须根，洗净，用沸水煮透，晒干或烘干。本品须置于干燥处，防潮防蛀。薤白（干燥鳞茎），呈不规则的卵圆形。大小不一，长1～1.5cm，直径0.8～1.8cm，上部有茎痕；表面黄白色或淡黄棕色，半透明，有纵沟与皱纹，或有数层膜质鳞片包被，揉之易脱。质坚硬，角质，不易破碎，断面黄白色。有蒜臭，味微辣。以个大、质坚、饱满、黄白色、半透明、不带花茎者为佳。主产于东北、河北、江苏、湖北等地。除小根蒜及薤头的鳞茎作薤白使用外，尚有山东产的密花小根蒜、东北产的长梗薤白、新疆产的天蓝小根蒜的鳞茎在少数地区亦作薤白使用。

3. 品种类型及优良品种

我国薤头品种资源丰富，但品种资源分类国内外目前尚无统一的方法。传统分类主要根据薤头鳞茎大小与分蘖能力、鳞茎皮色、叶子粗细软硬、开花与否和用途等单一性状来划分薤头品种类型，有开花和不开花的类型、有黑皮和白皮的类型、有粗大和细长的类型、有鲜食和加工的类型。目前我国根据产地的生态条件及自然变异，形成了几个栽培品种，有的直接按地域叫某地方品种。目前国内常用的薤头品种类型及优良品种有以下几种：

（1）品种类型

① 大叶薤　又名南薤，湖北省武汉市江夏区和鄂州市栽培较多。叶片长大，一般多倒伏于地；分蘖力较弱，一般一个种鳞茎只能分蘖5～6个，但薤头圆大，柄短，皮薄肉厚，富含黏液，质地脆嫩，品质优，适于鲜食和加工。

② 长柄薤　又叫白鸡腿，为湖北省江夏区和鄂城栽培的地方品种。叶直立，分蘖力强，每个种鳞茎可分蘖10～15个，薤头柄长，白而柔嫩，形似鸡腿，品质好，一般以整个植株销售，多供炒食，也可加工，味鲜美，产量高。

③ 细叶薤　又名米薤、紫皮薤、黑皮薤，薤头皮紫黑色，分蘖力强，一般每个种鳞茎分蘖15～20个，鳞茎小，薤柄短，颈部带紫。叶细小而长，长到33cm以上就倒伏于地。湖北省梁子湖畔栽培面积较大，薤头和嫩叶均可炒食，不适宜加工出口。

④ 木薤　又名头薤，植株丛生，鳞茎粗大，卵状矩圆形，各个分散，长9cm，直径2～3cm，鳞衣白色。管状叶，呈不明显的五棱形，长33～55cm，直径0.4cm，浓绿色，有蜡粉，叶鞘坚韧。花茎圆柱形，紫红色。生长期长，种植至初收150～180d。忌高温高湿。生长旺盛，分蘖力不强。鳞茎肉厚而脆，味稍甜，适于加工腌渍。

⑤ 线薤　又名丝薤，为鲜食品种，鳞茎不膨大，培土后茎梗伸长，洁白如玉筷，长14～20cm，供炒食。要求土壤疏松肥沃，土层深厚，不宜密植。叶片长35～40cm，直径0.3cm，淡绿色，易倒伏，叶鞘后期呈紫红色。前期生长较慢，种植至初收100～120d。耐寒，忌高温高湿。分蘖力强。品质脆，味甜。

⑥ 野藠 为另一物种小根蒜，又叫野薤。植株丛生，分蘖多。鳞茎球形，易分散，横径约 1cm，鳞衣白色。叶管状，半圆形，一边有沟，暗绿色，被蜡粉，长 15～25cm，直径 0.5cm。花茎柔弱，淡紫红色，具珠芽 20 余个。分蘖力强，味辛辣，鳞茎及珠芽均可繁殖。鳞茎香味浓，叶和鳞茎均可食用。

（2）优良品种 藠头的优良品种很多，各产地以地方命名了一些藠头优良品种。

① 开远藠头 开远藠头是云南开远市的特产，属地方农家品种，有 100 多年的栽培历史。藠头白净透明，皮软肉糯，脆嫩无渣，大小均匀，色泽金黄，香气浓郁，产品用于出口，在国外被誉为"珍珠藠头"。开远藠头叶丛生，长 49.5cm，细长管状，中空，叶面绿色带白粉，鳞茎白色，短纺锤形，着生于短缩茎上，一般 5～6 个丛生在一起，分蘖力强。虽品质较好，但个小、产量低、适应力一般，有的地方种植易出现提前分蘖而形成多芯藠头，为早熟藠头。

② 江西藠头 该品种主要分布在江西南昌市新建区一带，栽培面积较大，具有分蘖率高、加工商品率高等特点，为加工用藠头品种。鳞茎膨大成纺锤形，对土壤要求不严，耕作层不厚的红壤土也可种植，一般亩产量在 2000kg 左右。

③ 宜昌藠头 宜昌农家品种，栽培历史悠久，适应性广，抗病力强，生育期 260d，既可炒食亦可加工腌制。该品种株高 35cm 左右，叶细长，中空，槽切面呈三角形，丛生，叶绿色，有少量蜡粉。鳞茎短纺锤形，白色，单个鳞茎重 10g 左右，分蘖力强，每个鳞茎产藠头 6～8 个。

④ 三白藠头 湖北咸宁栽培较多，是我国优良的藠头品种之一，鳞茎纺锤状，长 4cm，横径 2.5cm，单鳞茎重 12～16g，皮薄肉厚，肥嫩无渣。分蘖力较弱，每株有鳞茎 7～11 个。早熟，耐瘠薄，耐旱，不耐涝，喜沙壤土，病虫害较少，适应性广。

⑤ 紫凝藠头 浙江当地传统藠头品种，鳞茎为短纺锤形或牛腿形、鸡腿形，长 3.2～4.2cm，横径 1.8～3.2cm，白色，单个鳞茎重 7.6g，上皮稍现紫色或绿色，每个鳞茎产藠头 10.8 个。叶细长，长 40～45cm，宽 6～8mm。

此外还有梁子湖藠头，产于湖北省武汉市武昌区，该类包括大叶藠、长柄藠、细叶藠类型。

4. 营养价值与医疗保健作用

（1）营养价值

① 藠头的营养价值 藠头营养丰富，生长成熟的藠头每 100g 鲜鳞茎含水分 87.9g、蛋白质 1.6g、脂肪 0.6g、碳水化合物 8g、钙 64mg、磷 32mg、铁 2.1mg、胡萝卜素 1.46mg、维生素 B_1 0.02mg、维生素 B_2 0.12mg、尼克酸 0.8mg、维生素 C 14mg、游离氨基酸 1080mg 等。藠头鳞茎中主要营养成分含量、游离氨基酸含量、微量元素及维生素含量因品种不同略有差异。

② 小根蒜的营养价值　小根蒜富含多种营养物质和微量元素，具有很高的营养价值。据分析，每 100g 小根蒜鲜品含水分 68.0g、碳水化合物 26.0g、蛋白质 3.4g、脂肪 0.4g、纤维 0.9g、灰分 1.1g、钙 100.0mg、磷 53.0mg、铁 0.6mg、胡萝卜素 0.09mg、维生素 PP 1.0mg、维生素 B_1 0.08mg、维生素 B_2 0.14mg、维生素 C 36.0mg 等；每 1g 干品含有多种元素：钾 31.3mg、钙 31.1mg、镁 2.50mg、磷 11.13mg、钠 0.32mg、铁 251μg、锰 67μg、锌 26μg、铜 6μg 等。同时，每 100g 小根蒜鲜品中含 17 种氨基酸的总量约为 7019.53mg，游离氨基酸 788.13mg，必需氨基酸分别占总氨基酸和游离氨基酸的 28.5% 和 18.30%，其中以谷氨酸和精氨酸含量最高。

（2）医疗保健作用　薤头、小根蒜中主要含有挥发油、甾体皂苷、含氮化合物等多种具有药用价值的化学成分，药理研究表明其所含活性物质，具有抑菌消炎、抑制肿瘤、降血脂、抗动脉粥样硬化和抗血小板聚集等作用。

① 主要功能成分　薤头中含有一些特殊的具有生物活性的物质，正是这些物质使得薤头具有消炎抗癌、增强免疫功能、延缓衰老、治疗心血管疾病等作用。薤头主要功能成分为挥发性含硫化合物（蒜素）、皂苷化合物和含氮化合物，其中又以挥发性含硫化合物含量最高。

a.挥发性含硫化合物　薤头的挥发性成分大部分为含硫化合物，主要为甲基烯丙基三硫、二甲基二硫、甲基正丙基三硫、乙烯基二甲基硫、甲基-1-丙烯基二硫、甲基烯丙基二硫及二丙基三硫化合物。最新研究显示，薤头中含硫化合物占了整个挥发性成分的 94%，经鉴定有 27 种不同的硫化物。

b.皂苷化合物　薤头的皂苷化合物结构类型多样，中、日学者对薤头中的皂苷化合物进行了鉴定，命名为皂苷 A～L。主要包括甾体皂苷、螺甾皂苷、呋甾皂苷等。薤头中存在大量的皂苷类化合物且稳定性较高。

c.含氮化合物　薤头中的含氮化合物包括腺苷、色氨酸等。腺苷是薤头含氮化合物中抑制血小板凝集最强的化学成分。

② 相应医疗保健作用　随着科学的发展，在对薤头的化学成分和药理有了进一步了解的基础上，现代科学证明薤头的生理或药用作用有以下几方面。

a.抑菌消炎作用　薤头活性物质对白色念珠菌、大肠杆菌、枯草杆菌、痢疾志贺菌、伤寒沙门氏菌和啤酒酵母等几种细菌和真菌有明显的抑制作用。

b.抗血小板聚集作用　薤头中的含硫化合物、含氮化合物及甾体皂苷类成分都能强烈抑制血小板聚集。

c.降低血脂、抗动脉粥样硬化作用　薤白胶丸具有降低血脂的作用，尤其对血清胆固醇、甘油三酯的降低作用较好。此外，薤白胶丸还有明显降低血清过氧化脂质的作用。

d.抗氧化和延缓衰老作用　蒜素等含硫化合物是一种抗氧化剂，可通过清除活性氧来阻止体内氧化反应和自由基的产生；皂苷可抑制血清中脂类氧化而减少过氧化脂质的生成，从而防止过氧化脂质对细胞的伤害。薤头提取物还可影响正常人体皮肤纤维细胞的生长，能延长正常细胞的寿命，具有延缓衰老的作用。

e.解痉平喘作用　薤白能够舒张气管平滑肌，改善喘息症状与哮鸣声。

f.镇痛和耐缺氧作用　分别取薤头的生品和炒品的水煎液进行药理试验，结果发现，二者均有较强的镇痛作用，均能延长各种条件下小鼠的耐缺氧时间。

g.抗癌活性及对免疫功能的影响作用　从薤头中提取的活性成分对肝癌细胞和海拉细胞的生长有抑制作用，抑制人类多种肿瘤（例如胃癌、乳腺癌、前列腺癌等）细胞的生长。同时，薤头提取物具有升高白细胞数量、增加吞噬功能的作用。服用蒜素等含硫化合物制剂可提高谷胱甘肽过氧化物酶水平，提高细胞免疫能力。

③ 临床应用

a.薤白复方　薤白复方可用于治疗冠心病、心绞痛、心律失常、心肌炎、痢疾，还可治疗肺炎、肺气肿、支气管哮喘等，并有显著的抗变应炎症、抑制细胞脱颗粒和抑制过敏反应的作用。

b.薤白单方　薤白单方可治疗慢性气管炎和高脂血症等，可预防血栓的形成及动脉粥样斑块的形成。此外，在肺癌、胃癌等癌症治疗药物中，薤白还可以作为辅助用药。食用薤白粥可以治疗冠心病、心绞痛和肠炎等症。

5. 开发与利用

（1）薤头的开发利用　薤头白净透明、皮软肉糯、脆嫩无渣、香气浓郁，在有的地方已成为一种传统的家常菜。薤头食用方法很多，鳞茎和嫩叶均可炒食、煮食，烹调出许多名菜，如薤头炒肉、薤头炒腊肉、薤头炒蛋、干辣椒炒薤头、河虾炒薤头、香肠炒薤头、鸡丝炒薤头、薤头汤米线、薤头鸭块汤等。鳞茎可经盐渍、醋渍、蜜渍等加工成盐渍薤头、甜酸薤头、酱薤头、泡薤头、薤头酱、薤头脯、薤头干、薤头汁饮料、薤头醋和其它药膳薤头产品等。甜酸薤头早在清朝年间就被选为贡品，其具有增食欲、开胃口、解油腻和醒酒的作用，是佐餐的佳品。盐渍薤头、甜酸薤头罐头不但深受我国人民的欢迎，而且在东南亚及日本、韩国等地负有盛名，是我国主要出口农产品之一。干制薤头入药可健胃、轻痰、治疗慢性胃炎。由于薤头所含的许多成分对冠心病、心绞痛、胃神经官能症、肠胃炎、干呕、慢性支气管炎、喘息、咳嗽、胸痛引背、久痢冷泻等症也有很好的治疗或辅助治疗作用，薤头在 1987 年被国家卫生部公布为药食兼用食品。薤头不但营养丰富，而且具有多种药理作用和保健功能，因此，药食同源的薤头具有较大的药用价值和市场开发价值。

（2）小根蒜的开发利用　小根蒜全株可食，民间食用小根蒜具有悠久的历史，食用方法也很多：将采挖的小根蒜全株冲洗干净，沥干水即可蘸酱生食；将小根蒜洗净、切段，与猪肉、鸡蛋相配炒食，具有滋阴润燥、行气散节的功效；将小根蒜洗净，用盐腌，可制成泡菜或酸菜；将小根蒜洗净、切碎，与肉或鸡蛋调匀作馅制作包子、饺子、春卷等；把小根蒜脱水干制，可以保持周年供应，方便食用。亦可利用小根蒜做成风味酱、蒜粉、蒜泥等系列新型调味品及小根蒜汁保健饮料、食品防腐剂等。由小根蒜鳞茎干燥炮制而成的中药薤白，具有非常重要的医疗保健价值。当前人们更加注重营养和健康，小根蒜的开发利用将具有积极的意义。

（二）薤头生产品种选用技术

薤头生产除掌握先进的栽培技术外，种植优良品种是提高产量、品质的关键。

1. 品种选用原则

选择优良品种、做到适地适栽，是薤头标准化生产的先决条件。在薤头标准化生产中优良品种选用应考虑以下原则。

（1）优先选择抗病品种　抗病性强是优良品种需要具备的一个非常重要的特征。在规模化栽培，土地使用过频的情况下，抗病性将是优良品种首要具备的条件。在薤头无公害农产品、绿色食品、有机食品标准化生产进行病虫害绿色防控过程中，尽量选择抗病虫害能力强的品种，以减轻防治病虫害的压力，少用或不用农药，降低生产成本，减少薤头的农药残留，保障消费者的健康。

（2）优先就地选择品种　薤头鳞茎膨大和质地脆嫩对生态条件有严格的要求，因此，生产中品种选择应该遵循就地选用的原则，充分发掘地方名优品种资源。

（3）科学合理引入品种　在当地优良品种资源不足，需要引进优良品种时，应注意以下几点：

① 从地理位置相近地区引种　地理位置包括纬度和海拔高度。纬度相近的地区，光周期相近，海拔相近的地区，气候条件比较相似，一般可以满足品种生长发育对环境的要求，引种和选用品种的成功率相对较高。因此，引种时应该考虑从地理位置相近的地区引入，并且经引种试验筛选。

② 根据生态型和生物学适应性选用品种　我国薤头品种资源丰富，可供生产中选择采用。但由于长期生长在一个地区的品种，对当地或育种地的生态环境产生了一定的适应性，或形成了一定的要求，当引入其它地区种植时，适应性差的品种可能会因生长环境的改变而不能适应，因而表现不良。不同的品种在不同的气候、土壤条件下，表现不一样，选择品种，要优先考虑该品种对当地水土、气候的适应性，所以在标准化生产中，异地引种一般要充分了解品种的生态适应性和生物学适应性，避免盲目引种和未经引种试验而大面积使用新品种带来的生产损失。

（4）根据生产目的选用品种　薤头作为生产商品，应充分考虑各地消费者的习惯、市场需求，以此来确定生产方向，选用那些适宜销售、市场效益高的品种。因为不同地方消费习惯有一定的差异，有的地区的人们喜食新鲜薤头叶，有的则喜食薤头鳞茎、薤头加工产品等。品种选择首先要考虑这一因素，当地销售的产品，品种要适合当地人的消费习惯；异地销售的产品，品种要适合销售地人的消费习惯。

（5）实行品种搭配　为满足生产和消费的不同需求，一个地区规模化生产时，应注意品种早、中、晚熟的搭配，鲜食、加工、种用等不同用途品种的搭配等，且应既有主栽品种，又有配套品种。这样既能应对上市时期，又能合理调节人力物力，同时可使产品规模上市形成品牌。

2. 薤头品种选用

主要根据生产地区，薤头的生态适应性、生产目的和市场需求等选择适合当地生产、优质高产、商品性好的薤头优良品种。品种选择特别注意生产的主要目的，作薤头净菜产品的应选择苗期生长快、叶色嫩绿、鳞茎白而质脆味浓的品种，如细叶薤；以薤头加工生产为主要目的的，应选择外观整齐、鳞茎轴短而圆正、大小适中（单粒重 5g 左右）、独芯或少芯、质地致密的薤头品种，如长柄薤；作种用薤头的，应选择符合生产需求的薤头品种。目前各地种植的薤头品种一般以当地常规品种为主，出口薤头可根据外商要求选择不易成双芯或多芯的、适于加工的品种。注意不得选用利用转基因技术或使用转基因材料育成的薤头品种。

3. 种苗调运

从外地引种时，应进行植物检疫。不得将本地未发生的危险性病虫草随种苗带入。外调种苗要来源于无检疫对象的地区，调运时有检疫证书。

二、薤种生产

（一）薤种生产标准体系

为促进种子质量提高，改善农产品质量，保证薤头标准化生产基地健康发展，必须推行薤种标准化。薤种标准化就是实行品种标准化和薤种质量标准化。品种标准化是指大田推广的优良品种符合品种标准（即保持本品种的优良遗传特征和特性）；薤种质量标准化是指大田所用薤种质量基本达到国家规定的质量标准。薤种标准化体系包括以下五方面：

1. 优良品种标准

每个优良品种都具有一定的特征特性。品种标准就是将某个品种的形态特征和生物学特性及栽培技术要点作出明确叙述和技术规定，为引种、选种、品种鉴定、种子生产、品种合理布局及田间管理提供依据。

2. 原（良）种种子生产技术规程

为克服优良品种混杂退化，防杂保纯，提高种子质量，根据薤头对外界环境条件要求、繁殖方式、繁殖系数大小、保存难易等特点，制订薤头原（良）种种子生产技术规程，繁种单位应遵照执行。

3. 种子质量分级标准

种子质量优劣直接影响作物产量和产品质量高低。衡量种子质量优劣的标准就是种子质量分级标准。目前我国将种子分为育种家种子、原种及良种三个等级。不同等级的种子对品种纯度、净度、发芽率、水分等有不同的要求。种子质量分级标准是种子标准化的最重要和最基本的内容，也是衡量原（良）种生产、良种提纯复壮、种子经营和贮藏保管等工作的标准。有了这个标准，种子标准化工作就有了明确的目标。

4. 种子检验规程

种子质量是否符合规定的标准，必须通过种子检验才能得出结论。为了使种子检验获得普遍一致和正确的结果，就要制订一个统一的、科学的种子检验方法，即技术规程。

5. 种子包装、运输、贮藏标准

种子收获后至播种前，由于种子出售、交换或保存时，必然有包装、运输和贮藏过程。为防止品种机械混杂，保证种子发芽率，同时方便销售，必须制定种子包装、运输和贮藏的技术标准。

（二）薤种生产技术

薤头栽培种多为三倍体、四倍体等多倍体植株，花而不实。因此，生产中都采用无性繁殖，普遍采用鳞茎作为播种材料，称为薤种。薤种生产技术包括原种生产和生产用种生产。

1. 原种生产

原种必须用品种纯正的高质量原原种来繁殖。原原种可来自于品种育成单位，或通过对当地生产上使用、品种来源可靠、纯度较高、退化较轻的生产田品种进行选优提纯获得原原种。

薤头原种生产一般有两条途径，即常规鳞茎分球提纯复优和微繁殖脱毒复优。无论哪条途径，要生产原种首先必须有原原种，然后由原原种繁殖原种，再由原种繁殖原种一代，由原种一代繁殖原种二代，原种二代繁殖原种三代及生产用种，依次递进。

（1）常规鳞茎分球提纯复优繁殖原种　常规鳞茎分球提纯复优可以通过选种或异地换种的方法进行。

① 选种复优　薤头种性退化主要是由于长期无性繁殖中机械混杂使纯度降低，病毒感染使生产力降低及不良环境影响的积累。所以，在当地退化较轻的生产田进

行提纯复优是最快速简便的复优途径。一般先选择混杂退化较轻、生产条件较好的生产田作选种圃，然后按营养系混合选择法在选种圃内于不同时期进行株选。幼苗期至生长盛期依据叶形、叶色、叶片长宽、叶姿（软硬）、假茎的色泽、假茎的粗度和长度、植株抗寒性与抗病性等性状选择具有本品种典型性状的单株予以标记；鳞茎膨大期至收获期依据鳞茎结构、形状、皮色、大小、数量、整齐度、是否单芯及分蘖数等进行最后决选。入选的植株，可进行土留种法、室内摊晾法或沙贮法贮藏薤头种子，播种时按鳞茎大小分级播种，进行混选系与原品种对照（提纯前）比较鉴定。

在比较鉴定圃内，混选系在表现型上应整齐一致，完全具有该品种的典型特征，无杂株，在抗病性、抗寒性及休眠性等方面也符合原品种特点，比对照显著增产。这样，该混选系收获时经去劣后得到的薤头即为该品种的原原种。如果还达不到上述要求，则需要再进行一次混选和比较鉴定。

在得到原原种后即可生产原种。由于薤头繁殖系数很低，一般品种大约为6～10，所以由原原种直接繁殖的原种，在数量上往往不能满足原种生产的需要，需要扩大繁殖为原种一代后才能一边供繁殖生产用种，一边通过严格的去杂去劣繁殖原种二代，以后则继续进行原种生产，直到原种出现明显退化时再更新原种。

② 异地换种复优　异地换种也是薤头品种复优的一项重要手段。一个品种长期在一个地区种植，虽对生活环境有了适应性，但不良环境对它的影响也通过其无性繁殖而积累，一些病原菌也产生了一些致病力强的生理小种，从而导致了品种生产力下降。从异地引入同样的品种种植，则往往表现出强的生长优势和高生产力。异地换种时，一般应选择地理位置和栽培条件差异相对较大的地区换种，如山区与平原、粮区与菜区换种，这样做2～3年内可恢复生产力。换种时应注意，换入的薤种必须品种纯正，混杂退化轻，生产力强。换来的品种一般还不能直接投入生产，应经过驯化和选择、比较和鉴定后才能投入原种生产。在驯化选择圃内应创造优良的栽培条件，使其尽快适应新环境。同时可结合驯化进行选择，如采用营养系混合选择法，经1～2年驯化选择后即可与本地该品种进行比较鉴定，获得原原种再繁殖原种。

③ 原种生产栽培技术　薤头原种生产栽培技术要点如下。

a. 土壤选择和整地　薤头适宜多种土壤栽培，但以排水良好的疏松壤土、沙壤土为佳。避免连作，前茬收获后及时耕地晾田，然后整成平畦。

b. 薤种选择和播种　播前分开鳞茎，而后精选鳞茎，选择皮色纯正、形状规范、无病无伤、肥大的鳞茎，并按大小分级。繁殖原种不宜用小鳞茎和过大的鳞茎，应选择中上等大小的鳞茎。薤头原种生产应该在当地进行，因为外地生产的原种在当地种植时往往当年不能很好地适应气候。播种时按当地播种季节播种。原种生产的播种密度应稍稀，根据品种鳞茎大小，范围为（20～25）cm×（10～13）cm，播种后覆土厚2～3cm。

c.田间管理　发芽期保持土壤适度湿润，避免因土壤板结而难出苗或过湿引起烂种。一般于播种时在畦面按每亩 25～30kg 撒施氮磷钾复合肥，然后锄地，开沟播种。

d.藠头收获和贮藏　当植株上叶片一半以上已变为黄色时，可采收藠头。种藠头应在通风干燥的室温条件下，空气相对湿度在 75％以下使用室内摊晾法贮藏，或使用土留种法、沙贮法贮藏。

（2）微繁殖脱毒复优生产原种　藠头在生产上因长期营养繁殖，易受到一种病毒单独侵染或几种病毒复合侵染，病毒一旦侵入植株体内，不但对当代有影响，而且鳞茎母体带毒后便以垂直传播方式传递给后代。此外，田间还有许多传毒媒介，如蚜虫、蓟马、线虫及螨等，可将病株中的病毒传给健康的植株，病毒感染范围不断扩大。而病毒感染是导致藠头品种退化的一个主要原因，轻度感染的植株一般不表现症状。藠头植株因常年采用鳞茎繁殖病毒容易通过藠种积累，使植株出现生长势减弱、个体矮化、叶子皱缩扭曲变小、心叶黄化、分蘖减少等现象。鳞茎退化变小，致使产量下降和品质变劣，给生产消费和出口创汇带来了严重的障碍。所以在选种时选用藠头大的植株十分必要。由于对藠头病毒病的防治目前尚无有效化学药剂，生产中解决的办法之一是采用脱毒种苗，进行无病毒栽培。

微繁殖脱毒需要一定的设备，技术性强，目前还没有大量用于生产。利用脱毒技术生产藠种包括脱毒株培育、脱毒原原种鉴定、脱毒原种鉴定和扩大繁殖、生产用种生产等几个阶段。

① 藠头脱毒方法　脱毒苗生产的基本方法有热处理脱毒、分生组织（茎尖、根尖）培养、愈伤组织（幼叶、茎盘、花等器官）培养。热处理或抗病毒药剂处理与茎尖培养相结合，对脱除藠头病毒效果较好，具有较大的实用性。目前藠头可利用茎尖、根尖、鳞茎盘、叶、花器官等离体培养获得再生植株。根据黄钊等对藠头的研究，以藠头的根、叶为外植体进行愈伤组织诱导，诱导率低；以鳞茎盘为外植体，诱导时间短，数量多，诱导率高；茎尖、花器官也可作为外植体进行诱导。选择材料时注意对大面积生产加工用的藠头，需要选用鳞茎轴短、外形圆正无棱、质地致密、独芯或少芯、无病虫害、品种纯正健壮的藠头植株作培养材料。

a.藠头茎尖培养法　据黄钊等的研究，将鳞茎外部鳞片剥去 2～3 层，在流水中冲洗 1～2h 后，接着在酒精中浸泡 30s，然后用无菌水冲洗 2～3 遍，再用 2％的次氯酸钠加两滴吐温-20 浸泡 10min，无菌水清洗 5 次，用无菌滤纸吸干水分。置解剖镜下剥去剩余鳞片切取茎尖，茎尖大小为 0.5～1.0mm，培养基为 LS 培养基添加 1.0mg/L 的 2-iP（异戊烯基腺嘌呤）和 1.0mg/L 的 6-BA（苄氨基嘌呤），脱毒快繁效果最佳，脱毒率达到 83％以上。

b.藠头鳞茎盘培养法　将田间采回的藠头去叶、根，用流动自来水冲洗 1h，剥去表面 2 层鳞片，在超净台上用 75％的酒精浸泡 30s，取出用无菌水冲洗 1～3 次，转入经过灭菌的培养瓶里，加 0.1％的 $HgCl_2$（氯化汞）消毒液灭菌 15min，取出用无菌水冲洗 7～8 次。将消毒后的鳞茎盘切成厚 0.3～0.5cm，长（宽）0.5cm 的方形，每个鳞茎盘垂直切成 2 小块，每块带有小芽，然后接种于培养基中，诱导愈伤组织。傅德明等以薤头鳞茎盘为外植体，在 1/2MS＋1.0mg/L 6-BA ＋0.2mg/L IBA 的（吲哚丁酸）培养基上、温度 23～25℃下进行试管培养。结果显示：诱导分化、增殖及生根一步完成，获得完整植株，36d 一个培养周期，72d 增殖倍数为 128，以普通沙土为移栽基质，移栽成活率 100%。许真等以薤头鳞茎盘为外植体进行离体培养，结果显示 6-BA 对薤头芽的分化和形成有很大的影响，6-BA 浓度为 2.0mg/L 时，出芽率最高，浓度为 1.0mg/L 时，分化芽数明显高于其它浓度处理；NAA（萘乙酸）为 0.1mg/L 时生根最快，浓度为 1.0mg/L 时生根数最多。温度是影响鳞茎膨大的关键因子，不同温度处理下，鳞茎形成的快慢差别显著，30℃时鳞茎形成最快。闫淼淼等以薤头的鳞茎盘为外植体，结果表明：鳞茎盘具有较强的分生和再生能力，维生素 B_5＋0.1mg/L 6-BA＋1.0mg/L 2,4-D 是最适宜于愈伤组织诱导的培养基，维生素 B_5＋1.5mg/L 2，4-D 培养基是适宜于愈伤组织继代增殖的培养基，维生素 B_5＋0.1mg/L 6-BA＋1.0mg/L NAA 是诱导不定芽形成的最佳培养基，维生素 B_5＋0.1mg/L 6-BA＋1.0mg/L NAA 是诱导不定根较好培养基。李佳等以薤头的鳞茎盘为外植体，薤头不定芽诱导的最佳培养基为 MS＋1.5mg/L 6-BA＋0.1mg/L NAA＋1.0g/L 活性炭，诱导率可达 90% 以上，芽平均数为 2.0 以上，且状态良好；光照条件采取最初暗培养 48h，之后转到光照 8h、黑暗 16h 下培养，约 7d 后，将培养瓶转到光照 16h、黑暗 8h 下培养，诱导出的芽生长旺盛。

c.薤头花器官培养法　薤头的花着生数量多，一个花序多达几十朵，可以提供丰富的外植体，为薤头的快速繁殖、创造新种源提供了良好的基础。方法如下：

在薤头的小花蕾期、中花蕾期，将从田间采回的薤头花蕾用自来水冲洗一下，在加有 0.5%～1.0% 洗涤剂的清水中浸泡 20min 后，在流动的自来水下冲洗 1h，然后在 75% 的酒精中浸泡 30s，用无菌水冲洗 1～3 次，再用 0.1% 的 $HgCl_2$ 消毒 15min，最后用无菌水冲洗 7～8 次进行消毒。取花蕾接种于诱导培养基上，待花蕾开花后将剥离出的子房切成 0.2cm 的小段，置于诱导培养基上继续培养。薤头花器官离体培养的最佳诱导与分化的培养基组合为：维生素 B_5＋2.0mg/L 6-BA＋2.0mg/L 2,4-D＋50g/L 蔗糖＋5g/L 琼脂；维生素 B_5＋0.1mg/L ZT（玉米素）＋2.0mg/L NAA＋50g/L 蔗糖＋5g/L 琼脂。在小鳞茎开始生长时，以维生素 B_5＋0.1mg/L 6-BA＋1.0mg/L NAA＋20g/L 蔗糖＋5g/L 琼脂培养基更利于根的形成和生长。

② 薤头病毒检测方法　脱毒微繁殖需要对薤头脱毒前的鳞茎和脱毒后的脱毒苗进行病毒检测，病毒检测可采用生物学检测（包括可见症状观察法和指示植物法）、免疫学检测（包括酶联免疫吸附测定和免疫电镜法）和分子生物学检测（如多聚酶链检测）等。利用指示植物法是薤头病毒病鉴定的一种常规的、行之有效的

方法。

a.薤头可见症状观察　目前报道的薤头花叶病毒在生产上危害较大，植株发病后叶片上出现褪绿斑和花叶斑等，花叶斑逐渐扩散变大，继而严重影响薤头正常的光合作用。黄钊等在薤头的田间调查中发现，病毒侵染薤头的症状表现多样，主要集中体现在叶和鳞茎上。薤头受植物病毒侵染形成的主要症状类型如下：

Ⅰ.斑驳、条斑　部分薤头在受到病毒侵染时，不表现出花叶和畸形等症状，只出现轻微的绿色减退，形成一些圆形褪绿斑点、溃斑、刻斑、斑迹，称为斑驳，有时褪绿斑点、斑迹等沿叶脉扩展，或褪绿斑点、斑迹等的褪绿区域延长，形成褪绿条斑。

Ⅱ.花叶　薤头在受到花叶病毒侵染时较为常见的一类症状，在薤头的生长发育后期极易发生该病害，有时在一块地里有50%以上的植株出现这种症状。

Ⅲ.坏死斑　薤头田间偶尔能见到在叶脉间出现坏死斑点或坏死微斑，有时会产生大量的坏死斑，甚至合并成坏死区域，更甚者坏死斑逐渐扩展，产生比较系统的坏死。

Ⅳ.畸形　由于组织的不正常发育引起植物形态的变化，这种正常形态被破坏的现象称为畸形。田间常出现叶的畸形症状，主要是叶扭曲。

以上为田间观察的病毒侵染薤头后在叶上表现出来的主要症状，除此之外病毒侵染薤头还影响其地下鳞茎和整个植株的生长，表现出特有的症状。其症状主要表现为鳞茎瘦小、植株矮小和叶暗绿。在田间生长的植株，由于常受到多种病毒的复合侵染，因此其症状并不像上述情况那样有规律出现，往往是多种症状复合在植株上表现。此外，症状的发生还与温度相关，温度过低（低于5℃）或过高（高于30℃）时，症状表现不明显。

薤头鳞茎播种后，一般在次年3、4月份春回暖时田间叶片表现出发病症状，说明病毒是以鳞茎带毒为主。田间薤头发病是长期无性繁殖造成病毒积累的结果。

b.指示植物检测　可在苋色藜、千日红、矮牵牛、昆诺藜或葱属作物中选择适宜的指示植物进行脱毒前后的病毒检测。具体做法为：取被检薤头病叶在少量磷酸缓冲液（pH7.0）中研磨，研碎后用双层纱布过滤，滤汁中加入少量500～600目金刚砂，蘸取适量滤汁轻轻涂抹于指示植物叶面2～3次，然后用清水冲洗叶面。在防虫温室中生长两周左右，观察植物显症状况。接种试验循环2～3次。由于昆诺藜生长快，显症时间短，一般选取昆诺藜进行检测试验，在其长至4～6片真叶时接种，两周后观察有无症状出现。带毒株汁液接种昆诺藜叶片后出现点块状花叶症状。阴性对照则生长健康。

③薤头脱毒株栽培　薤头脱毒株是经组织培养脱毒处理或直接引进，经检测后确认不携带标准规定检测病毒的种苗。由于蚜虫是病毒传播的主要媒介，为了防止重新染毒，脱毒苗应该栽入网室内培育，土壤要消毒，并从第一年开始进行有无

病毒感染的鉴定。脱毒鉴定后还要在种植的不同生长发育时期对品种典型性状进行鉴定，经鉴定后收获的鳞茎即为原原种。

④ 脱毒原种生产

a. 原种生产基地要求　原种在脱毒种蒜的繁殖过程中，起到承上启下的作用。如果只在网罩条件下防蚜生产，因种蒜的繁殖系数小、成本高解决不了大面积生产的问题，因此必须选择具备隔离条件的田间作为原种繁殖基地。这样的原种基地应具备以下条件：

一是在蚜虫少的地区，可选择对于蚜虫繁殖、取食活动、迁飞和传毒都可造成困难，起到隔离作用的高纬度、高海拔、风速大、气候冷凉地区。

二是原种田四周 10km 以内没有薤头生产田或其它可寄生薤头病毒病的寄主，如百合科作物等。

三是有较强的技术力量，具有较高的生产水平。

b. 脱毒原种的生产　经第一次鉴定后收获的原原种蒜种，第二年还在网室内栽植，生产原种。栽时可把每一蔸鳞茎作为一个营养系，把这一蔸全部的鳞茎播成一行。在栽培中，如果一个株行中发现个别有病毒症状和遗传的形态可疑株，则淘汰该营养系的全部植株。

脱毒株的再感染是影响其使用的首要问题。所以，原原种和直接繁殖的原种一般都在网室内生产，而原种扩大繁殖可在网室外进行。为了减少再染毒率，应集中在蚜虫少的地区先繁殖一次，以后扩大繁殖则在当地大面积集中生产。为了防止蚜虫飞来传播，可在原种扩大繁殖种田周围设置高 1.2～1.5m 银灰色条膜 4～5 段。

脱毒株原种扩大繁殖的栽培技术与常规提纯复优的原种扩大繁殖相同，只是栽培中要特别注意防蚜虫，采收时尽量减少伤口以避免感染病毒。

⑤ 防止脱毒株再侵染的技术措施　薤头脱毒株在生产上应用的重要环节，就是防止病毒的再侵染。在生产的场所，应根据病毒侵染途径，做好土壤消毒和防治蚜虫工作。有的地区在种植了几年后仍未被病毒侵染，而有的地方仅数月即被病毒侵染。因此，应采取措施尽量延迟病毒再侵染的时间。

a. 全面使用脱毒株　薤头病毒主要靠无性繁殖由母株传给子株，随着薤头苗的传播而扩散。在同一田块或附近田块，若有病毒植株存在，那么病毒就很容易通过蚜虫或其它传毒媒介，侵染到无病毒苗上，从而造成病毒的再侵染。

b. 加强病毒检疫　加强病毒检疫，是防止病毒病传播扩散的重要措施。在脱毒母株保存、繁殖的整个过程中，要定期进行病毒检测，制订出一套脱毒株的繁育规程，按规程进行操作。在田间利用脱毒株繁殖生产用种苗时，也应注意对病毒的检测，以免繁殖出带毒苗。

c. 防治传毒媒介　蚜虫和线虫是薤头病毒病的主要传毒媒介。进行脱毒苗繁殖之前，应先进行土壤消毒。不要在重茬田块上种植。栽植脱毒苗后，要及时防治蚜虫，特别是周围有老薤头园时更为重要。在 5～6 月份蚜虫发生时，用药剂喷洒防治，尽量降低虫口密度，以减少病毒的再侵染。

d. 及时拔除病株、定期更换种苗　薤头脱毒株使用一定时间后，在规模较大的产区经大田种植后被病毒侵染是不可避免的。因此，必须及时用脱毒株更换已感染的植株。以确保薤头无毒化栽培。

总之，利用组织培养方法获得无毒或少毒再生植株，并在短时间内快速增殖，获得大量组培苗是解决长期以来由于采用无性繁殖方法，导致种性退化、产量和品质下降等问题的有效措施；也是解决下述问题的主要措施，如薤头采用鳞茎作为繁殖材料，使其用种量大，繁殖系数低，每年还需单独留种，种薤的贮藏和调运增加成本，限制了许多南方薤头名优品种的北移和大面积推广等。

2. 生产用种生产

生产用种一般生产量大，薤种又只能使用一年，所以应根据每年用种量计划安排。用质量合格的原种，在薤头生产地繁殖。为了保持种子纯度和种子质量，防止品种退化，一般采用淘汰劣株和杂株的选择方法。繁种田应在当地选择，土壤以黏质土壤为好，应实行 3 年以上的轮作。

（1）选择良种繁育基地　选择地势平坦、易隔离、排灌良好、土质疏松、通风向阳的连片田块，作为良种繁育基地。

（2）掌握栽培技术要点　根据当地的气候条件，适时播种，播种时将原种鳞茎按大小分级，分畦播种，以后按薤种大小分别管理，小薤种畦适当给予较多的肥水以加强生长，使整个田间大小趋于一致。并做好病虫害防治工作。

（3）除杂、去劣　充分掌握所繁育薤头品种的特征特性，以其原种典型特征作为选择标准。在苗期、生长盛期（鳞茎膨大期）、收获期对留种田逐行、逐株除杂去劣，选择典型特征基本一致的无病植株，保证种子质量。

（4）收种管理　在收获、贮藏、运输时，注意种薤头所处环境条件，如湿度太高易烂种，过分干燥，营养消耗大影响播种后薤头苗生长。同时须严防机械混杂，保证种子纯度。

（三）薤种检验

1. 薤种质量要求

应选择形状整齐端庄、大小适中、无病虫、无伤口、无霉烂、当年收获的鳞茎作种薤。薤种质量应符合表 2-1 质量要求，并符合粮食作物种子标准的要求。

表 2-1　薤种质量要求

项目	纯度	净度	萌芽率	其它
要求	≥95%	≥80%	≥95%	鳞茎无病虫、无伤口、无烂根，拆蔸去掉枯叶和剪去适量根系

2. 薤种检验流程

薤种检验包括田间检验和室内检验。检验结果必须真实，检验报告必须实行三级审核制度（自核、复核、审核）。

（1）薤种田间检验　田间检验的主要内容是根据田间生长期间表现出的品种典型性状鉴定品种纯度，同时鉴定有无异常作物和病虫害感染的情况。田间检验应在植株品种典型性状表现最明显的时期进行。一般在薤头的幼苗期、叶生长盛期、鳞茎膨大期进行。

① 调查基本情况　田间检验前，检验员必须掌握被检品种的特征特性，同时了解薤种来源、上代纯度、繁种面积等情况。

② 划区设点　将薤种田中同一品种同一来源、同一繁殖世代、同一栽培条件的相连田块划为一个检验区，一个检验区的最大面积为 $35hm^2$。检验区面积在 $1/3hm^2$ 以下时，区内取样 5 点；面积在 $1/3\sim2/3hm^2$ 时，区内取样 $9\sim14$ 点；面积在 $2/3\sim1hm^2$ 时，区内取样 15 点；面积在 $1hm^2$ 以上时，区内取样 20 点。每样点一般取样 $80\sim100$ 株。

③ 取样方式　取样点数应均匀设置，以减少误差。一般应根据地形特点，选用适当的取样方法。常用的取样方法有对角线式、梅花式、棋盘式和大垄（畦）取样等。

④ 检验　选择典型性状表现充分的时期，每点逐株鉴定，记载本品种株数、异常品种株数、异常作物株数和病虫感染株数等。薤头幼苗期和叶生长盛期主要鉴定叶片长宽、叶色、叶姿、假茎的色泽、假茎的粗度和长度等，鳞茎膨大期主要检验分蘖数，鳞茎的粗细、长度、色泽等。

⑤ 填写检验单　根据田间检验记录进行计算，先计算各点的百分率，再统计各点结果的平均数，以平均数作为检验结果，填入田间检验结果中。

（2）薤种室内检验　室内检验是在薤种收获后到销售播种前，进行抽样检验。主要检验品种纯度、净度、发芽率、千粒重、病虫感染率等指标。室内检验分为扦样、测定、签证三大步骤。

3. 薤种质量的评定

种子检验的最终目的是对种子质量作出全面正确评价。

（1）评定　薤种质量定级以品种纯度、净度和发芽率 3 个参数为依据，其中纯度为主要定级标准。纯度根据田间检验与室内检验综合评定得出两个结果，一般以较低的纯度为准。

（2）签证　按国家颁布的《农作物种子质量标准》作出正确的结论。对达到国家和省定标准的薤种颁发合格证书；对达不到标准的，发给检验结果单，并针对存在的问题，提出处理意见。

经过检验合格的薤种，即可包装、上市，进入种子流通领域。

第三节 薤头生产技术

一、产地环境条件与栽培制度

(一) 产地环境条件

1. 产地环境

生产基地的土壤环境质量、灌溉水质量和空气质量等条件都必须满足薤头高产、优质、无公害生产需要，并经农业环保部门检测符合无公害产品、绿色食品或有机食品标准规定的指标，方可作为无公害产品、绿色食品或有机食品薤头标准化生产基地。

2. 地理条件

基地远离城镇，四周无任何工、矿企业污染源，周边植被茂盛，环境条件优越。坡度5°以下的旱土、高岸田，5°～30°的梯土均可种植薤头。若为绿色或有机食品薤头生产基地，则与常规作物生产区域之间应有明显的边界和隔离带。

3. 土壤性状

以土层较深厚、土质疏松、富含有机质、保水、保肥性好的沙质壤土为宜。土壤 pH 为 6.0～7.2。

(二) 栽培制度

薤头忌连作，一般应隔2～3年倒一次茬。如连年在同一块地里种薤头或与葱蒜类蔬菜（大蒜、大葱、洋葱、韭菜等）重茬，则土传的病虫害严重，出苗率低，植株细弱，叶面发黄，薤头产量低。薤头一般秋季种植，第二年夏季收获，这样可采用旱地轮作和水旱轮作两种轮作方式。

1. 旱地作物轮作

长年旱作地，应在翻耕烤土的基础上，结合整地每亩撒石灰 20～25kg 进行土壤处理。旱地薤头的轮作方式：第一年春季栽种大豆、芝麻、辣椒、棉花等，收获后种薤头，第二年薤头收获后种大白菜，第三年春种黄瓜、番茄等夏菜，夏菜收获后再种薤头，第四年薤头收获后种油菜，第五年春油菜中套种大豆，大豆收获后种薤头，如此可以合理利用土壤肥力，改善土壤理化性质，减轻病虫草的危害。

2. 水旱作物轮作

稻田种薤头实行薤头与一季晚稻周年性水旱轮作的方式，以达到轮作换茬减轻病虫侵染来源、提高耕地产出效益的目的。水旱轮作方式：第一年头一季栽水稻，水稻收获后栽藠头，第二年藠头收获后再栽水稻，水稻收获后种绿肥或油菜，第三年绿肥或油菜收获后栽水稻，水稻收获后再种藠头，三年之中种一季绿肥或油菜，两季藠头和三季水稻。

二、整地技术

藠头整地要求早耕多翻，打碎耙平，施足基肥，根据排水状况分厢作畦，开好排水沟，为藠头栽种打好基础。

（一）整地

产地环境质量必须符合无公害、绿色或有机食品产地环境技术条件的规定。选择土壤肥沃、土质疏松、排灌方便、近2年内未种过百合科葱蒜类作物的沙质壤土种植为好。前茬可为玉米、马铃薯、西瓜、芝麻、大豆、花生等非百合科作物，禁连作。有条件的地区可进行水旱轮作，高岸田种藠实行藠头与一季晚稻周年性水旱轮作，以达到轮作换茬减轻病虫侵染来源、提高耕地产出效益的目的。长年性旱作地或无法轮作的地区，应在翻耕烤土的基础上，可每亩用石灰20～25kg或用25%多菌灵粉剂5kg进行土壤消毒。消毒时将药物撒施在土壤表面，结合整地翻入耕作层。

整地要求深翻晒垡，精细整地，做到田平土细。在夏末秋初翻耕烤土1～2次，为防止地下虫害，在播种藠头前，每亩用1.8%阿维菌素乳油200mL，浅耕细耙，直到全层土碎无杂草，一般耕耙2～3次，耕作深度在25～30cm。

（二）施基肥

肥料的施用必须按照无公害、绿色或有机食品肥料使用准则规定，基肥以有机肥为主，采用测土配方施肥。有机肥通常指圈肥、鸡粪、鸭粪、厩肥、堆肥、饼肥等。基肥的施用量是否充足，直接关系到藠头的商品性和植株的越冬性能，因此在生产上应结合整地，施足基肥。每亩施入有机肥1000kg左右，配合施45%三元含硫复合肥40～50kg或配合撒施碳酸氢铵30～35kg与沟施磷肥40～50kg。

（三）开沟作畦

在深耕细耙和施肥平整后，根据排水状况分厢作畦，开好畦沟、腰沟和围沟，畦面宽1.8～2.5m，沟宽0.4m，畦沟深15～20cm，腰沟深20～25cm，围沟深30cm以上。畦面整成龟背形，畦沟、腰沟、围沟，沟沟相通以利于排灌，达到雨停土干不积水的效果，水田尤应注意确保排水畅通。

三、藠头播种技术

（一）藠种处理

在播种前，对种藠可进行一些必要的处理，以促进萌芽发根，减少病虫害发生。选择符合品种特征、鳞茎大小均匀的种株，将鳞茎逐一分开，再选取横径达1.5cm 以上的鳞茎，剪去枯黄叶片及枯根，作为藠种。在播种时用 75% 百菌清配1.8% 阿维菌素乳油 2000～3000 倍液［或每亩用 1.8% 阿维菌素乳油 25mL 加 40%的多。酮可湿性粉剂（禾枯灵）150g 加水 40kg 稀释的药液］，将藠种在药液中浸泡 10～15min，捞起晾干后即可播种。

（二）播种时期

藠头播种日平均气温须稳定在 25℃ 以下，即 9 月中下旬进入播种期。为了保证藠田有较好的墒情，宜在雨天前后进行播种。在稻田种藠，要提早开好沟，待水稻收割后，尽早播种。8 月底至 11 月上旬均可播种，以 9 月中旬至 10 月上旬为佳，播种过早，藠头尚未萌动，过迟气温低，生长慢，影响来年产量。

（三）播种方法

采用条播。播种时，在畦面按行距 20～28cm 先开挖种植沟，挖宽 10cm 左右、深 7～10cm 的浅沟，把种藠按株距 10～13cm 沿沟的一侧斜卧沟内，每穴 1～2 个鳞茎，角度以 45° 为宜，使茎端朝向同一方向。此时可在沟里集中施肥，然后开第二条种植沟，将第二条沟中开出的细土覆盖在前一沟上，种藠埋入土中，覆盖厚度以稍露藠柄顶端为宜。如此顺序播种，播后用稻草或芒萁等覆盖畦面保潮，覆盖厚度 0.5～1.0cm。天旱时，播后及时浇水。在墒情好的情况下 7～10d 即可出苗，盖草不必去掉。铺草覆盖的作用为保湿、抑制杂草滋生、藠头增白、防止肥土流失、防止土壤板结、防冻害、增加有机肥等。太薄起不到作用，太厚成本高，藠苗不易出土。

播种时注意大小种分开播种，种茎小应适当浅播。播种时选择雨后转晴天气趁湿开沟播种，或晴转阴天后抢在雨前播种。水资源较好的地块，也可在晴天播种，播种盖土后，进行雾滴状喷水湿土或沟灌湿土。

（四）播种密度

合理密植是藠头优质高产的关键措施。确定种植密度时，应综合考虑品种特性、种藠大小、播期早晚、土壤肥力、栽培方式和栽培目的等因素。如叶形直立与开张以及大小，土壤肥沃与瘠薄，鲜食藠与加工藠等。密度过小，虽然单株发展较大，但单位面积产量不高，生产成本并未减少。在一定范围内，加大密度可提高产量，但藠头会小一些，商品质量下降。因而适宜的密度不仅以产量高低为依据，还应考虑藠头商品质量、经济效益等因素。种植密度单种大于套种，平地高于坡地，小个型种藠密于大个型种藠。一般株距 10～13cm，行距 20～28cm，每亩 2 万～3 万穴，用种量为 180～250kg（一般大个型种苗每亩用种量 230kg；中小个型种苗每亩用种苗 200kg）。

四、藠头田间管理

（一）松土齐苗

藠头主蘖出土后，结合中耕除草浅松土，促进齐苗和分蔸，缺蔸处应用带土移栽法补苗。

（二）中耕除草

播种后出苗前每亩可使用芽前除草剂如 48％仲丁灵乳油 20mL 或 90％乙草胺 100mL 兑水 50kg 喷雾，进行土壤处理。在藠头齐苗前和鳞茎发育期（3～4 月），结合松土进行人工除草。藠头生长后期（4 月后）宜采用人工剪草，以免影响藠头根系生长。注意绿色或有机栽培时藠头生长期间禁用化学药剂除草。

（三）抗旱防渍防冻

藠头生产过程中注意秋季抗旱、冬季防冻、春季防渍。藠头是较耐旱的蔬菜作物之一，一般不需浇水，但若遇秋冬旱时间长，适当灌水补充田间水分以促进鳞茎膨大，防止空心；严寒时可采用铺草等覆盖措施防冻；春季雨水多则应疏通三沟及时排水，做到雨后田间无水防渍害。在高岸田和低坡地采用沟灌湿土法抗旱，其它旱地可采用行间铺放稻草的方法，可通过洒水先湿草、后湿土的办法抗旱，避免浇水板结土壤，为冬季防冻的重要措施。在冬至前及时追施热性肥料，亦可达到防冻促长的目的。

（四）追肥

根据土壤肥力和生长状况确定追肥时间和次数，整个生长期需追肥 1～4 次。藠头出苗后及时施 1 次提苗肥，每亩撒施尿素 5kg；半月后（12 月上旬）再追施 1 次分蘖肥（腊肥），每亩采用腐熟的人畜粪 1000kg 兑水浇施或撒施尿素 10kg；2 月中旬结合锄草松土，每亩施尿素 7.5kg 加 45％三元含硫复合肥 15kg，肥料溶解到土壤被藠头根系吸收需要一段时间，刚好到 3 月上旬，藠头进入旺盛生长期和鳞茎形成期，需肥量较大之时用上；3 月底藠头进入鳞茎膨大期，每亩施 45％三元含硫复合肥 20kg 以促进地下鳞茎生长。追肥均在雨前撒施。不得使用含氯元素的肥料；不得使用工业废弃物、城市垃圾和污泥；不得使用未经发酵腐熟、未达到无害化指标、重金属超标的人畜粪尿等有机肥料，且有机氮与无机氮之比不低于 1:1；收获前 20d 不得使用速效氮肥。

（五）地面覆盖

为了减少青藠头，提高鲜食和加工品质，栽培过程需要进行地面覆盖。覆盖材料有薄膜、秸秆、谷壳、锯末屑、畜禽粪便、泥土等，是否需要覆盖、选择什么材料和方法覆盖依当地自然条件、生产季节、栽培习惯和生产目的不同而定。

1. 覆盖的作用

（1）调节温度　秋冬和早春进行地膜覆盖，能够更加有效地利用太阳能，显著提高地温，而且还可以提高土壤湿度，防止干旱；秸秆、谷壳等材料进行地面覆盖，可阻挡太阳光的照晒和热量传递，调节地温。

（2）减少地面蒸发，保持土壤湿度，减少灌溉量　地面覆盖能够有效地阻止或者减少土壤水分蒸发，使土壤水分含量变化趋于平稳，减少干旱。

（3）改善土壤物理性状　地面覆盖减少了雨水或灌溉水对土壤表面的直接冲刷，可以减轻土壤板结和肥水流失。

（4）增强光照　白色地膜覆盖可以增加太阳光的反射，进而增加藠头的光照强度，提高光能利用率。

（5）促进土壤养分分解与吸收，提高地力　地膜覆盖能够改善土壤的物理性状，保持土壤的孔隙度，提高地温，从而改善土壤水、热、气等状况，有益于微生物的活动，加速有机质的分解和氮素硝化，使土壤养分增加。同时由于土壤环境的改善，藠头根系活力增强，促进植物养分吸收。

（6）抑制杂草、防治病害　利用黑膜覆盖，透光率减少，可以有效地抑制杂草生长；利用银灰色膜可以避免蚜虫造成危害。此外地膜覆盖后也可避免土传病害发生。

（7）增加土壤有机质，补充 CO_2　秸秆、谷壳、锯末屑、畜禽粪便覆盖等，除抑制土壤水分蒸发、弱化地表冲刷、缓冲温湿度、防止杂草繁殖等，还因有机物的分解而补充 CO_2，同时谷草腐烂后可增加土壤中的有机质。

（8）提高藠头品质　通过覆盖，减少了青藠头，可提高加工品质。

2. 秸秆覆盖

藠农一般多用厥箕（毛柴）、毛草、稻草、玉米秆等覆盖，在播种覆土后进行，均匀铺在作物行间，不留空地，不成堆。主要作用是防止雨水过多引起土壤板结，保持土壤疏松，通气良好，调节温度（防晒防冻），防止杂草繁殖，有助于藠头生长发育、增白，减少青藠头，提高产量和质量。注意覆盖量要适宜，太多会造成藠头根部呼吸减弱，有害气体增加，不利于薤头正常生长发育，不利于出苗，还增加成本。覆盖量太少起不到保水调温的作用，达不到节水增产的目的。覆盖的数量应根据当地的气候条件和土壤类型而定。一般在较湿润的季节或较湿的土壤中覆盖量过多，往往造成土壤过冷或过湿，对薤头生长不利；在干旱季节或干旱地区，可适当增加覆盖量，有利于蓄水保墒，每亩覆盖量以300～400kg为宜。一般以新鲜的毛柴为好，每亩1500kg，前期毛柴水分足防旱，后期干燥的毛柴不会太湿，有利于薤头防冻。盖稻草需慎重，稻草内腐烂微生物多，易造成薤头发病死亡。

秸秆覆盖后，土壤水、肥、气、热得到有效改善，为作物生长提供了良好的生育环境，但同时也为土壤的病虫草害（如黄矮病、白粉病、蚜虫、地下害虫、杂草等）提供了"温床"。因此在作物播种前必须对种子进行施药处理。

3. 地膜覆盖

地膜覆盖是指用塑料薄膜覆盖地面，改变太阳辐射和土壤热交换，创造良好的肥、水、光、热条件，促进薤头的生长发育。对薤头的高产优质、鲜薤提早上市、南种北移等方面具有明显的效果。但地膜覆盖不如秸秆覆盖那样能改善土壤物理性质，增进肥力，而且用完必须清理干净。

（1）地膜种类

① 无色地膜　具有保温保墒功能，可明显提高地温，提高作物对光能的利用率，加速土壤有机质的腐化过程，提高肥效，保水抗旱，促进作物早熟、高产。

② 银灰地膜　除有普通地膜的增温、保墒及防病虫作用外，还能反射紫外线，有明显驱避蚜虫的效果。多用于秋季蔬菜栽培，可降低地温。

③ 黑色地膜　除有普通地膜的增温、保墒及防病虫作用外，还有能除掉各种杂草的良好效果，多用于秋季蔬菜栽培，可以降低地温，有利于根系的生长。

④ 无滴地膜　除有普通地膜的增温、增光、保墒及防病虫作用外，可比普通地膜提高透光率10%左右。本品含有保温剂，可提高薄膜的保温性能。

⑤ 除草地膜　除有普通地膜的增温、增光、保墒及防病虫作用外，还具有防除田间杂草的功能。包括含化学除草剂的地膜和有色地膜。

（2）覆盖要点

① 深耕细耙整地，施足基肥　在施足基肥前提下，对土壤深耕细耙，使畦面土粒细碎、平整，畦面中央略高，呈"龟背"状。

② 播种覆土　薤种消毒后，挖沟播种，覆土。

③ 喷除草剂　为了防止铺膜后杂草丛生，在铺膜前按照百合科用的喷芽前除草剂规定操作方法使用。

④ 覆盖地膜　操作时把膜拉紧，顺畦面铺平、铺正，使地膜紧贴畦面，四周用土压实。

⑤ 田间管理

a. 对先播种后盖膜的，要切实做好检查出苗的工作，及时挖孔，以保证出苗齐、苗壮。

b. 做好水分管理，旱季引水沟灌，使水分向畦内渗透为佳；在雨水季节，要及时疏通排水沟渠，以防止雨后田间积水，影响生长。

c. 根据生长势适当追肥，对中后期养分不足的应进行根外追肥，亦可结合淋水在藠头基部进行淋施，但要薄施勤施，以防烧伤根系。

d. 经常检查定植穴和地膜的完整程度，发现裸露或裂口，及时培土和修补。

e. 及时除草，因喷芽前除草剂不均匀或效果不佳，会有杂草生长把地膜顶起来的现象发生，可在晴天的中午踩平杂草顶起的地膜，使地膜与杂草紧贴，杂草会因高温而枯死。对于定植穴或裂口处长出的杂草，应及时拔掉并用土把口封好。

f. 作物采收后，应及时清除废旧残膜以保持土壤清洁。

4. 培土覆盖

藠头鳞茎膨大期应盖细土，避免鳞茎变绿，即藠头生长中后期种植行要进行培土，防止鳞茎露出土面发青变老，影响品质。一般在 3～4 月鳞茎膨大期结合清沟沥水，培干细土一次，将细土撒入藠丛，避免鳞茎变绿，盖土深度以不高于藠柄顶端为宜。

五、藠头生产档案记录

根据《中华人民共和国农产品质量安全法》和《农药管理条例》，藠头生产过程中应严格按无公害、绿色、有机产品等相关标准和技术规程（规范）操作，必须建立生产档案，制订藠头生产田间档案记载表。包括生产田（丘、块）登记表、生产投入品登记表、生产主要农艺操作登记表。生产过程中，做好生产记录，如实记载《藠头生产田间档案》，并接受当地质量监督员监督检查。

（一）生产档案记录要求

为使基地藠头产品具有可追溯性，建立田间档案，记录生产全过程的农事操作，以备核查，具体要求如下：

① 配备专门的田间档案管理员负责指导、组织基地内藠头生产技术和农事操作记载工作。

② 按统一要求做好档案记录，如标准化生产的农事操作记录和产品质量检测记录，并及时做好整理归档。档案妥善保存 2 年。

③ 无公害、绿色、有机藠头基地使用的农药、肥料均应符合无公害、绿色、有机食品的要求和使用准则。

④ 用药记录应完整、真实，记录使用的农药名称，包括通用名、登记证号、剂型、防治对象、时间、施用量、次数、安全间隔期等。

⑤ 施肥记录档案应完整、真实，内容包括肥料名称、登记证号、类型、施用量、施用方法等。

⑥ 做好种植、施肥、灌溉、用药、采收等各类农事操作记载，做好各批次产品采收情况、检测结果及销售去向记载工作。

⑦ 保持田间档案记录的真实性、时效性、正确性和书面整洁。

（二）农业投入品管理档案

要详细记载生产活动中所使用过的农业投入品的名称、来源、用法、用量、使用日期、停用日期等。对肥料、农药、种子等农业投入品要有专人（兼职）管理，采购、仓储、出库、领用等均有相关凭证或管理手续（表2-2、表2-3）。农业投入品的品名、生产单位、生产日期、保质期、采购时间、使用时间、经办人等需进行记载。

表 2-2 农资（肥料、农药、种子等）采购记录表（示例）

日期	农资名称	主要成分含量	规格（剂量或单位）	数量	登记证号	生产单位	有效日期	经营单位	购买地点	票据号	经办人
……											

表 2-3 农资领取记录表（示例）

日期	农资名称	主要成分含量	规格（剂量或单位）	数量	有效日期	使用地块	领取人
……							

（三）生产过程记录档案

农事操作记录包括播种期、施肥期、肥料品种、施肥量、施肥方法、施药期、病虫防治对象、农药品种、施药量、施药方法、防治效果、农药安全间隔期、休药期、产品采收期和产量等（表2-4、表2-5），并有产品质量检验检测记录和产品流向记录（表2-6、表2-7）。记录到品种、地块（丘），有专人负责，且记录和档案均应齐全。生产档案应保留2年以上，记录表示例如下所示：

表 2-4 基本生产单元农事记录表（示例）

地块编号		地址	
责任人		技术员	
种植面积			
产品品类			

农事记录			
日期	农事操作内容	操作员	备注
……			

表 2-5 农药、化肥使用记录（示例）

农药/化肥名称	日期	使用目的	使用方法	亩用量	地块编号	安全间隔期	采收日期	操作员	备注
……									

表 2-6 农产品质量检验检测记录（示例）

日期	地块编号	产品名称	检测方法	检测结果	抽检单位	不合格产品处置情况	单据粘贴处
……							

表 2-7 农产品采收、销售记录（示例）

地块编号	采收日期	采收品种	采收质量/kg	销售日期	销售质量/kg	检测报告编号	销售去向（市场、单位或个人联系方式）	追溯编码	合格证明编号	经办人
……										

注：农事记录，农药、化肥使用记录，农产品检验检测记录，农产品采收、销售记录为分批、分品种记录，一批蔬菜上市在相同地块复种，需要另起新页记录。

六、高产栽培关键技术

（一）翻耕烤土撒石灰是解决薤地连作死苗的良好方法

薤头避免与百合科作物轮作。长年旱作地应在翻耕烤土的基础上，结合整地撒石灰进行土壤处理；高岸田种薤实行薤头与一季晚稻水旱轮作，以达到轮作换茬减轻病虫侵染来源的目的。在 8 月下旬至 9 月上旬的晴天，对连作土壤进行两次翻耕日晒烤土，烤土后，每亩撒石灰 50kg 后整地播种无菌种苗。这样可改变连作土壤中病虫和杂草的生存条件，使潜伏在土壤中的病菌、虫卵和杂草种子受到强光、高温、强碱的综合作用而死亡。也中和了酸性，改良了土壤。

（二）测土配方施肥是藠头健壮生长的基础条件

为了满足藠头生长对中、微量元素的需求，采用测土配方施肥技术，在氮、磷、钾单质肥料中加入中、微量元素，经科学配方和精细加工制成藠头专用配方肥。既达到了平衡施肥、全面施肥的目的，又解决了部分藠地缺素而引起植株不健壮的问题，还可以减少病虫发生危害。

（三）适时播种是确保藠头高产稳产的重要措施

藠头是一种跨年度作物，全生育期为 250～280d，根据对不同播种期、不同播种量、不同施肥量等的研究，气候正常的年份，9 月中、下旬是藠头播种的有利时期，其播种量为每亩 200～220kg，N-P_2O_5-K_2O 含量均为 15％的三元素含硫复合肥基肥施量为每亩 45kg。近年来随着藠头/芝麻、藠头/玉米、藠头/一季稻等耕作制度的形成，使藠头的秋播期延迟，农户为了达到目标产量，采取加大播种量和施肥量的方法。这些方法如果实施不当，会适得其反。10～11 月，随着季节的推迟，每推迟一旬，每亩增加播种量 30～50kg，增加复合肥基肥施用量 5～8kg。然而尽管采取增加播种量和基肥施用量等措施，秋播仍表现为播种推迟、分蘖减弱、产量降低的总体趋势。

（四）藠头割苗盖土促蘖是改进鳞茎繁殖的创新技术

3 月份，正值藠头鳞茎发育期，进行齐泥割除藠苗管状叶，再盖 3～5cm 细土，可提高 30％～35％藠头分蘖数，1 亩藠地可供种苗由原来的 10 亩增加到 15 亩。有的藠农用干草适时适度烧一下藠苗，达到促进分蘖的效果，提高藠头鲜食嫩度。

（五）藠头大棚栽培可提早采食，满足消费需求

采用大棚保温种藠，使藠头在冬至后雨水前避免低温阴雨影响而加快生长发育，使鲜藠采收期提前，满足城乡居民节日消费需求。其播种期宜在 9 月中旬，齐苗前后沟灌湿土抗旱，并在冬至前增施腊肥，冬至至雨水季节盖膜保温促长，立春后分批采收鲜藠上市。

七、小根蒜人工栽培技术

小根蒜食用地下鳞茎和嫩茎叶，营养价值丰富，有抑菌防腐作用，并且具有保健和医疗效用，属于一种有益健康、滋补保健、食药俱佳的野生蔬菜，也可进行人工栽培，批量生产供应市场。

（一）生长环境与分布

小根蒜在我国各地都有分布，多野生于山坡、丘陵、山谷、干草地、荒地、林缘、草甸以及田间，常成片生长形成优势小群。在土壤解冻时开始生长，喜凉爽气候条件，在夏季高温期休眠，冬季土壤结冻后以小鳞茎在地下越冬，春秋季节生长最旺。在气温 8～18℃之间、土壤湿润、光照充足、肥沃沙质壤土中生长良好。

（二）人工栽培技术

1. 选地

小根蒜对土壤要求不高，耐贫瘠，适于多种土壤栽培，但地势平坦、向阳、排水良好、较肥的沙质壤土或含有较多有机质的轻壤土为佳。

2. 整地、施肥

选好栽培田后进行整地、施基肥。深翻 20cm，结合翻地每亩施入腐熟农家肥1000kg，45％含硫复合肥 50kg，尿素 3～5kg，将地整细耙平，做成宽 1.2～1.5m、高 12cm 的平畦，长度视地形而定。将畦浇透水待播。

3. 选种和繁殖

选种需要选择综合性状好的优良单株，可用种子、珠芽和鳞茎繁殖。在春末和秋末均可播种，且一年种植，年年收获。

（1）种子繁殖　采用条播，在畦面上横向或顺向开深 5cm 的沟，行距 10cm，每亩用种 1kg，拌细沙撒播于沟内。每平方米需保苗 100 株以上。小根蒜所结种子 7 月中旬成熟，夏季休眠，10 月初在田间长出实生苗，生长 1 年半后方可收获。

（2）珠芽繁殖

① 收藏种用珠芽　选择品种纯正、退化较轻、具有本品种典型性状的植株，6 月珠芽变硬成熟时应及时收获，收获过晚易脱落。收获时将珠芽带薹剪下，扎成小把后挂藏于阴凉通风干燥处。

② 将上季收获的珠芽脱粒后按大小分级，淘汰过小的　在畦面上开沟，深5cm，按株行距 10cm 点播，每亩需用种珠芽 3～5kg，每平方米播 100 粒以上珠芽。一般在 5～6 月份收获珠芽沙贮。春播珠芽当年秋后收获，秋播可以在第二年春季采收，时间短，丰产性好。

（3）鳞茎繁殖　分蘖在春、秋进行，播种前应先对种鳞茎进行选择，淘汰个体较小、有病斑或机械损伤的鳞茎，除去干叶，剪掉部分须根，播种。播前先在畦内按行距 10cm 开沟，沟深 5～6cm，按株距 10cm 将种苗摆放在沟内，浇底水，保持土壤湿润。在适当的温度条件下，7～8d 即可萌芽出土。每亩用种鳞茎 100kg，每平方米需要保苗 100 株以上。

4. 田间管理

小根蒜出苗后，撤掉覆盖物。3～4叶时疏苗，保持株行距为10cm左右，每平方米保苗100株。夏季进入休眠期，植株枯萎。在生长过程中如果有植株抽薹开花，应及时摘掉，以免影响产量和质量。

（1）灌溉　小根蒜性喜湿润土壤，栽植后，合理灌溉与排水，清沟理墒，防渍防旱，合理控制土壤含水量，保持土壤良好的透气条件。在北方，土壤结冻前灌冻水，在灌冻水的基础上，在畦面上覆盖粪、草、圈肥等护根防寒，保护植株安全越冬。

（2）追肥　小根蒜在生育期间还应分期追肥，植株返青时结合浇返青水每亩施尿素10～15kg、过磷酸钙20～30kg，以促进植株返青分蘖。返青30d左右进入分蘖期，每亩施尿素15～30kg。当鳞茎开始膨大时，每亩施尿素25～30kg、硫酸钾15～20kg。

（3）中耕除草　要及时中耕除草，以免影响产量。小根蒜开始膨大以前，中耕除草2～3次，深耕3～4cm，保持土壤墒情，增加土壤通透性，提高土壤湿度，促进根系发育。大面积生产可采用药剂除草。

5. 适时采收

根据繁殖方法、播种时间、用途的不同，小根蒜采收时间也各有不同。

（1）鲜食小根蒜采收　鲜食小根蒜采收注意时间。小根蒜一般在5月中旬开始逐渐抽薹，春季应在抽薹前及时采收，采收过早产量低，采收过晚会抽薹，质量差。小根蒜秋季不抽薹，所以秋季在封冻前采收即可。小拱棚或大棚温室栽培的，若使用种子繁殖的要保证生长期在5～6个月，采用珠芽和鳞茎繁殖的生长期最低不少于3个月。当植株长到4叶时，应在未抽薹前采收。采收时将小根蒜连根挖起，注意保持植株包括叶片的完整，用清水洗净按鳞茎大小或叶片长短分级，沥干水后包装出售。

（2）加工小根蒜采收　待植株地上部分全部枯萎时即可采收鳞茎，将整株掘起，整理后供加工或出售。

第四节　薤头生产质量与安全控制

薤头生产质量安全保障与产地环境、投入品使用、生产、加工、储运等环节密切相关，应当通过清洁产地环境、控制生产过程、检测产品质量、包装贮运过程可靠、产品履历可追溯、法规标准认证有保障，以及实行农产品质量安全全程监管和风险评估等来实施。因此，保障薤头的质量安全，必须以"从土地到餐桌"全程质量控制理念为核心，实施良好农业规范（GAP）、危害分析和关键控制点（HACCP）技术，采取全程标准化技术，才能生产相应安全级别的合格产品。

一、薤头生产质量安全控制技术规范

薤头标准化生产要符合生产技术规范和生产管理规范，无公害、绿色、有机产品生产质量安全控制技术规范如下。

（一）主体资质

1. 要求

具备相应的国家相关法律法规规定的资质条件，以及组织无公害、绿色、有机产品生产和承担责任追溯的能力。

2. 控制措施

① 申请主体为经工商注册登记的农产品生产企业、农民专业合作社或家庭农场，生产经营范围涵盖所申请的事项。

② 有稳定的生产基地，生产规模符合相应无公害、绿色、有机产品规定或产地认定标准的相关要求。

③ 申请前3年内无质量安全事故和不良诚信记录。

（二）产地环境

关键点：土壤、环境空气、灌溉水。

主要风险因子：重金属、农药残留、致病微生物、大气污染物。

1. 要求

要求产地周边环境及产区条件符合相应的无公害、绿色、有机产品产地环境相关标准要求。

（1）确保产地环境质量安全　无论是产地环境选择，还是产地环境质量（空气质量、灌溉水质量、土壤环境质量），都应符合国家、行业和地方强制性标准规定。即生产无公害、绿色、有机产品的产地环境应符合相应的无公害、绿色、有机产品产地环境条件系列标准要求。

（2）产地自然条件满足薤头正常生长的需要　自然条件主要指产地的气候、土壤和特定自然条件。气候条件主要包括温度、光照、雨水等；土壤条件主要包括适宜的土壤类型、土壤营养条件、pH值、前茬情况等；特定自然条件主要是指作物栽培所需的特定地形地势、栽培设施条件等。

2. 控制措施

薤头生产受光照、降水、农田土壤质量等生态环境条件影响较大，关系到产品的品质、产量和质量安全，应正确选择种植区。

① 选择薤头适宜种植区。生产基地应具备薤头生产所必需的条件，交通便利，排灌水方便，土地平整，土质疏松，土壤肥力均匀，土壤质地良好。

② 产地内的土壤、空气、水质量等环境条件应符合相关无公害、绿色、有机产品产地环境标准要求，并经有资质的产地环境检测机构检测评价合格。种植前应对产地环境进行检测，种植区内的空气、土壤和灌溉水等环境质量经检验，农药残留、重金属等污染物均符合国家相应的限量标准。产地选择的关注点是产品农药残留与重金属含量是否超标。

③ 生产区域内、水源上游及上风向，应没有对产地环境构成威胁的污染源产地应选择在生态条件良好，远离污染源，并具有可持续生产能力的农业生产区域。种植地 1km 范围内无污染企业；以江河水为主要灌溉水源时，上游水系 20km 内无污染企业。

④ 产地环境条件发生变化并可能影响产品质量安全时，应及时按产地评价准则的规定对产地环境条件进行再评价。

(三) 农业投入品管理

农业投入品是指在农产品生产过程中使用或添加的物质，包括种苗、肥料、农药等农用生产资料产品，农膜、农机具、农业工程设施设备等农用工程物资产品。农业投入品的使用是现代农业发展的基础，对农业的稳产、丰产起到了重要的作用，但长期滥用生产投入品也会对生态环境和农产品质量安全造成严重威胁。科学合理使用农业投入品，保证生产源头的安全，是实现农业可持续发展的必要条件。

关键点：种子种苗、肥料、农药、农机具。

1. 要求

农业投入品选择、贮存、使用应符合国家相关规定。

（1）农业投入品的选择　薤头生产过程中的投入品如种子、农膜、农药和肥料等生产资料应符合相应的无公害农产品、绿色食品或有机产品的相关法律法规和标准要求。

① 应按无公害、绿色、有机的相关规定选购种苗、农药、肥料。

② 应选购具有合格证书的种苗、农药、肥料等农业投入品，购买后应索取并保存购买凭证或发票。

（2）农业投入品的贮存　农业投入品应有专门的贮存设施，并符合其贮存要求。应在有效期或保质期内使用。

① 生产投入品应有专门的存放场所，并能确保存放安全。应按产品标签规定的贮存条件在专门的场所分类存放，宜采用物理隔离（墙、隔板等）的方式防止交

叉污染。设醒目标记，由专人管理。

②贮存场所应有良好条件，保持干燥、通风、清洁，避免日光暴晒、雨淋。

③变质和过期的投入品应做标识，隔离禁用，并安全处置。

④应建立农业投入品出入库记录，并保存2年。

2. 薤种

（1）主要风险因子　病原菌、品质、产量。主要影响薤头品质和产量，药剂处理种苗也会带来农药残留的隐患。

（2）科学选购

①选择适宜当地种植的丰产、稳产、抗逆性强、适销的鲜食薤头或加工薤头品种。

②到正规企业购买标签完整的品种，并索要购买票据。种子标签应包括以下内容：审定编号、品种名称、产地、净含量、生产许可证编号、经营许可证编号、检疫证明编号、生产年月、质量标准、生产商名称、生产商地址及联系电话。

③种子、种苗感观符合要求。查看种子、种苗的整齐度、颜色、霉点烂粒、净度、含水量等方面。

（3）科学使用　大量种子播种前一定要先行试种，逐步扩大种植，避免发生重大损失。同时薤头种植过早过迟、过浅过深、密度和均匀性都对薤头的质量安全控制产生一定的影响。

（4）安全存放　妥善保管，保管时应注意温度适宜，防潮、防蛀，避免与化肥、农药等物同放，以免影响发芽率。

3. 肥料

（1）主要风险因子　重金属、产量、品质。

（2）科学选购

①看经营资格、产品标识、产品合格证，并索取购买凭证。

②了解肥料的养分含量、用途、用法、注意事项。

③不要贪图便宜，不顾质量，购买假冒伪劣肥料。

（3）合理使用

①遵循有机与无机相结合，大量、中量、微量元素配合，用地与养地相结合，投入与产出相平衡的原则，综合考虑薤头需肥特性、土壤供肥能力等，确定氮磷钾以及其它中、微量元素使用量，并采取科学合理施肥措施，以使薤头均衡吸收营养，维持土壤肥力水平，减少养分流失对环境的污染。

②根据薤头不同生长期对肥料需求量、土壤类型和温湿度、降雨、光照等气象因素对肥效的影响，采用有效的施肥方法。

（4）安全存放　应贮存在干燥阴凉的室内，注意防潮湿、防混放、防水火、防腐毒。

4. 农药

（1）主要风险因子　农药残留、产量。

（2）科学选购

① 从正规农资商店购买有完整农药标签、证号齐全真实的农药，并索要购药票据。

② 选择与标签上标注的适用作物和防治对象一致的农药；选择用量少、毒性低、残留小、安全性强的产品。

③ 检查产品外观，不购买变质、过期农药，以及含有隐性成分的农药。

（3）合理使用

① 农药用量　按农药标签和使用说明书推荐剂量并结合需要施用的面积和用水量称取（量取）农药，随用随配。忌随意增加或减少农药的使用量，否则易产生药害、农药残留超标或药效降低等问题。

② 施药时间　根据病虫草害的测报、发生规律、田间动态，在防治适期或病虫草害达到防治指标时用药。尽量选在无雨、无风或微风天气施药，刮风下雨会导致药剂飘移或流失。高温季节避免中午施药。

③ 施药方式　要与农药的剂型对应，既可以发挥农药的防治作用，也能避免作物药害，减少对天敌等有益生物的危害和农药残留。

（4）安全存放与防护

① 农药应分类存放于独立设置的贮存室，不得与化肥、种子种苗和新鲜产品存放在一起。

② 不适宜人群不得从事施药作业，施药人员应安全操作并及时洗澡换衣。施药后田块应树立明显标识，防止误采误摘，废弃农药包装瓶、袋应收集后集中处理，严禁随意丢弃。

5. 农机具

（1）主要风险因子　重金属、有机污染物。

（2）控制措施　选择对土壤结构破坏较小的轮胎、对农机具进行定期保养、彻底清洗农机具中的容器等措施，均能将危害控制在可接受的范围。

（四）栽培管理

关键点：选地与整地、选种与播种、肥料施用、灌溉管理、病虫草害防治、采收、废弃物处置。

要求生产过程严格按无公害、绿色、有机产品等相应标准和技术规程（规范）操作。

1. 选地与整地

（1）主要风险因子　重金属、农药残留、病原菌。

（2）控制措施

① 产地周边环境及产区条件符合相应的无公害、绿色、有机产品产地环境相关标准要求。

② 宜采取深耕、翻晒等措施减少土壤中有害病菌和害虫，以减少农药使用。

③ 根据各地的生态条件和生产实际，选择适宜的前茬作物与栽培模式。宜采取间种、套种、轮作等栽培方式，选择相应的整地措施，以减少病虫害发生。要求前茬作物与薤头没有共生性病虫害且为非百合科作物。提倡行间覆盖，保持行间的表土疏松。土壤严重板结的，在非雨季适度中耕。

2. 选种与播种

（1）主要风险因子　农药残留、产量、品质。

（2）控制措施

① 选种

a. 选用抗逆性强、抗病、优质、高产、商品性好、适合市场需求的品种。即品种应适合当地气候、土壤及市场需求，在兼顾高产、优质、优良商品性状的同时，应选择对当地的主要病虫害具有抗性的薤头良种。

b. 生产用薤种质量应符合表 2-1 的质量要求，并符合农作物种子质量标准的要求。

② 播种　改进农艺措施，减少农药的使用次数和施药量。

a. 应根据土壤状况、气候条件、市场需求，科学合理安排茬口。

b. 根据栽培季节、栽培方式、气象情况及薤头品种特性，选择适宜的播种期和播种密度，避开易诱发病害的天气。

c. 应进行薤种和土壤消毒，预防种子、土壤传播病害，以减少苗期病害及植株的用药量。薤种可选用晾晒、温汤浸种、药剂处理等适宜的处理措施降低生长期病虫害（螨害等）和后期农药使用量，栽培地土壤熏蒸应符合良好农业规范的规定。

3. 肥料施用

（1）主要风险因子　重金属、产量、质量。

（2）要求　施肥要以有机肥料为主，有机氮与无机氮之比不低于 1：1。不得使用含氯元素的肥料，收获前 20d 不得使用速效氮肥。

（3）控制措施

① 肥料使用应符合相应的无公害农产品、绿色食品或有机产品肥料合理使用准则的要求。施肥原则为以有机肥为主、化学肥料为辅，保持或增加土壤肥力和土壤微生物的活性。

② 根据土壤理化特性、土壤肥力情况、薤头不同物候期对肥料的需要量、薤头长势等，确定合理的肥料种类、施肥数量和时间，实施测土配方平衡施肥，以利于薤头对养分的有效利用，减少肥料流失及其对周围环境的污染。

③ 宜施用充分腐熟且符合经无害化处理达到肥料卫生标准要求的有机肥，化学肥料与有机肥料应配合使用。使用化学肥料应注意氮磷钾及微量元素的合理搭配，复混肥料必须符合国标的要求。

④ 根据薤头生长状况，可以使用叶面肥。叶面肥应经国家登记注册，并与土壤施肥相结合使用。

⑤ 施用的肥料不应对薤园环境和薤果品质安全产生不良影响。禁止使用未经国家有关部门登记的化学肥料、生物肥料；禁止直接使用城镇生活垃圾；禁止使用工业垃圾和医院垃圾。

⑥ 建立并保存肥料使用档案记录，包括肥料名称和来源、施肥方法、施肥量、使用及停用日期、施肥人员姓名等信息。

4. 灌溉管理

（1）主要风险因子　产量、品质、重金属。

（2）控制措施

① 排灌设施要配套，建设标准化薤田，实行排灌分离，做到能灌能排。

② 灌水时期、用量、方法合理。应根据薤头的需水规律、不同生长发育时期，及气候条件、土壤水分状况，适时、合理灌溉或排水，清沟理墒、防渍防旱，合理控制土壤中水分含量，保持土壤良好的通气条件。

③ 灌溉水质应符合相应的无公害农产品、绿色食品或有机产品的规定要求。灌溉用水、排水不应对薤头作物和环境造成污染或其它不良影响，定期监测水质，并保存相关检测记录。

④ 有条件的产地提倡滴灌、喷灌和水肥一体化技术管理模式，以达到节水、节肥的目的。

5. 病虫草害防治

（1）主要风险因子　农药残留、产量。

（2）要求　集中连片种植，农药防治病虫害是主要的防治方法之一，要求不得使用蔬菜上禁用的农药，食用薤头在采收前25d不得施用化学合成农药。

（3）控制措施

① 应针对薤头病虫草害的特点，遵循"预防为主，综合防治"的原则，优先采用农业防治、物理防治、生物防治，科学合理地使用化学防治，将病虫害控制在经济阈值以下且将农药残留降低到标准规定的范围内。

② 应符合相应的无公害农产品、绿色食品或有机产品的农药使用规定。宜使用安全、高效、低毒、低残留农药，严格遵守农药安全间隔期。严禁使用国家明令禁止使用的农药和蔬菜上不得使用和限制使用的高毒、高残留农药。

③ 应及时获取当地预报信息，根据病虫害发生程度，适时适地采用物理防治、生物防治、化学防治等措施综合防治病虫害。

④ 应使用符合国家规定的施药器械，合理操作，避免农药的局部污染和对操作人员的伤害。施药前，施药器械应确保清洁并检验其功能；施药后，施药器械应清洗。

⑤ 应记录完整的病虫害发生和防治情况以及农药使用情况，包括农药的名称和来源、使用地点、使用时间、使用量、使用方法、防治对象、安全间隔期、使用人员姓名等信息。

⑥ 应将废弃、过期农药及用完的农药瓶或袋深埋或集中销毁。

6. 采收

（1）主要风险因子　农药残留、物理污染、机械损伤。

（2）要求　产品质量符合食品安全国家标准和相关法律法规的要求。

① 收获产品应严格执行农药、化肥使用后的采收安全间隔期。

② 不合格产品不准采收上市。销售产品应承诺合格，并有产品自检记录、监督抽查报告或产品检验报告。

（3）采前检测　藠头质量安全隐患和问题无法通过肉眼识别判断，需要借助专业的仪器设备进行检测。检测是从待检测的全部产品中抽取有代表性的样品，针对特定质量安全指标，按照标准方法进行测定，与限量标准或有关要求进行对比，判断产品合格与否。不合格农产品只有通过检测才能识别，检测不仅为上市农产品是否合格提供了判别依据，而且可以指导农民进行科学和安全生产。根据《中华人民共和国农产品质量安全法》，农产品生产企业和农民专业合作经济组织，应当自行或者委托检测机构对生产的产品进行销售前检测，经检测不符合农产品质量安全标准的农产品，不得销售。采收时根据生产过程中农业投入品（肥料、农药等）使用记录，评估和判断农药的使用是否达到了规定的安全间隔期，进行必要的采收前田间抽样检测。

（4）藠头采收　收获期直接关系产量和品质，忌过早或过晚收获。

① 采收时间应遵守农药使用的安全间隔期规定，根据藠头成熟期、鲜食与加工用途、市场需求综合确定采收期，净菜藠头在分蘖期后可开始采收，加工用藠头在叶开始枯黄时采收。

② 采收时应精心、细致、轻拿轻放，力求避免各种机械损伤。

③ 采收机械、工具和设备应保持清洁、无污染。

④ 保证场地环境卫生。每批次藠头产品加工包装完毕后，应进行打扫和清洗，确保场地、设备、装菜容器清洗干净，并定期使用消毒液进行杀菌消毒。

7. 废弃物处置

（1）主要风险因子　农药残留、病原菌。

（2）要求　要求废弃物和污染物按规定安全处置。将藠头去根割叶的废弃物及杂草清理干净，集中进行无害化处理，并进行土壤消毒处理，保持藠园清洁。

（3）控制措施

① 应设立废弃物存放区，对不同类型的废弃物分类存放并及时处置。

② 及时处理生产区域内的污水和垃圾等污染物，保持清洁。

③ 应收集质量安全不合格的产品进行无害化处理，有条件的宜建立收集点集中安全处理。

（五）采后商品化处理

藠头用途不同，采后处理和加工方式也不尽相同。采后商品化处理一般是指采收后的清洗、加工处理、分级、包装标识等。

1. 设施设备

配置必要的预备储藏间，分级、包装等采后商品化处理场地及配套设施，如田间临时存放，应有遮阳棚等简易设施，有条件的地区建立冷链系统，实行运输、加工、销售全程冷链保鲜。

2. 藠头清洗

（1）主要风险因子　重金属、致病微生物、农药残留。

（2）控制措施　清洗用水应满足相关标准要求。清洁产品的用水，水质应达到生活饮用水卫生标准的要求。对循环使用的清洗用水进行过滤和消毒，并监控和记录其水质状况。

3. 加工处理

加工环节的风险因子是重金属、病原微生物。加工环节的空气洁净情况、加工设备的卫生和保养状况、仓储条件等会导致产品产生生物、物理和化学危害。要使用符合食品生产要求的设备器具，生产人员符合健康要求，防止病原微生物传播等。

4. 分等分级

鲜食藠头按照等级标准，统一进行分等分级，确保同等级藠头的质量规格一致；加工用藠头需在腌制后进行分级处理。

5. 包装标识

建立农产品包装和标识制度，是实施农产品追踪和溯源、建立农产品质量安全责任追究制度的前提，是防止农产品在运输、销售或购买时被污染和损害的关键措施。同时，对农产品进行包装和标识，也有利于购买者、消费者快速识别产品名称、质量等级、数量、品牌以及生产者信息，有利于保障消费者知情权和选择权。

（1）主要风险因子　微生物、物理污染、化学污染。

（2）要求　产品依法进行包装和标识，即产品必须统一包装、标识后才可以销售。

（3）控制措施

① 包装材料应符合国家强制性技术规范要求。包装材料自身应安全无毒和无

挥发性物质产生。

② 应对处理和贮存农产品的设施和设备进行定期清洁和保养。

③ 包装农产品应防止机械损伤和二次污染；获证产品应按要求使用无公害、绿色或有机产品标志。

（4）包装　农产品包装是指农产品清洗、修整、分级、分类后实施装箱、装盒、装袋、包裹等活动的过程和结果。销售获得无公害农产品、绿色食品、有机农产品等认证的农产品必须包装。符合规定包装的农产品拆包后直接向消费者销售的，可以不再另行包装。要求包装材料不得对产品造成二次污染。

① 包装材料　要符合国家有关食品包装材料卫生标准的要求。

② 包装容器　应整洁、干燥、牢固、透气、无污染、无异味、内壁无尖突物。

③ 包装操作　应按标准进行，并有包装记录。在每件包装上，应注明品名、规格、产地、批号、净含量、包装工号、包装日期、生产单位等，并附有质量合格的标志。

（5）标识　农产品标识是指用来表达农产品生产信息、质量安全信息和消费信息的所有标示行为和结果的总称，可以用文字、符号、数字、图案及相关说明进行表达和标示。包装销售的农产品应当标明品名、产地、生产者或者销售者名称、生产日期。有分级标准或者使用添加剂的，还应当标明产品质量等级或者添加剂名称。未包装的农产品，应当采取附加标签、标识牌、标识带、说明书等形式标明农产品的品名、生产地、生产者或者销售者名称等内容。农产品标识所用文字应当使用规范的中文。标识标注的内容应当准确、清晰、显著。销售获得无公害农产品、绿色食品、有机农产品等质量标志使用权的农产品，应当标注相应标志、授权号和发证机构。禁止冒用无公害农产品、绿色食品、有机农产品等质量标志。

① 标识应当按照规定标明产品的品名、产地、生产者、生产日期、采收期、产品质量等级、产品执行标准的编号等内容。

② 薤头质量符合国家有关蔬菜产品认证标准的，生产者可以申请使用相应的农产品认证标志。

6. 产品贮运

（1）要求　符合相应的无公害农产品、绿色食品或有机产品标准规定的产品贮存与运输设备条件。

① 应有专门的产品暂贮场所，保持通风、清洁卫生、无异味，注意防鼠、防潮，不应与农业投入品混放。

② 应建立和执行适当的仓储制度，发现异常应及时处理。

③ 贮存、运输和装卸农产品的容器、工器具和设备应安全、无害、清洁。应根据薤头的特点和卫生需要选择适宜的贮存和运输条件，必要时应配备保温、冷藏、保鲜等设备。不能与有毒、有害、有异味的物品混装。

④ 贮存与运输使用的保鲜剂、防腐剂、添加剂等物质应符合国家强制性技术规范要求，并进行记录。

⑤ 贮存和运输过程中应避免日光直射、雨淋，并避免显著温湿度变化，装卸时应轻装、轻放，避免剧烈撞击等。

（2）贮存

① 主要风险因子　微生物、生物毒素、物理污染、化学污染。

② 控制措施

a. 应符合无公害、绿色、有机产品贮存的相关要求，并采取相应控制措施。

b. 根据藠头特点对产品进行筛选，剔除霉变、破损等可能诱发贮存病虫害的产品。

c. 贮存时应按不同规格分别贮存，不应与有毒有害物质混贮。分层堆放，堆码不应过高过挤，应留有空间保证气流流通、散热及检查所需，防挤压损伤。贮存期间定期检查温湿度等情况，发现霉变产品应及时清除并进行无害化处理。

d. 贮存场所使用前应进行消毒处理。贮存场所要阴凉，有通风设备，保持清洁卫生、无异味，并注意防虫、防鼠、防潮。在应用传统贮存方法的同时，应注意选用现代贮存保管新技术、新设备。

e. 应根据不同用途选择适宜的贮存方式。贮存过程中不应使用农药、食品添加剂进行产品的防腐、防虫、保鲜等。如需进行处理，应遵循相关规定并进行标识。

（3）运输

① 主要风险因子　微生物、生物毒素、物理污染、化学污染、机械损伤。

② 控制措施

a. 应符合无公害、绿色、有机产品运输要求。

b. 运输工具清洁卫生、无污染。运输时，严防日晒、雨淋，注意通风。

c. 运输时应保持包装的完整性，禁止与其它有毒、有害物质混装。

d. 高温季节长距离运输宜在产地预冷，并用冷藏车；低温季节长距离运输，宜用保温车，严防受冻。

（六）质量管理

应设质量管理部门，负责制订和管理质量文件，并监督实施；负责生产资料及产品的内部检验，主要包括农残、硝酸盐和重金属等；负责无公害、绿色或有机产品生产技术的培训。应配备与蔬菜生产规模、品种、产品检验要求相适应的人员、场所、仪器和设备；做好记录。

1. 管理制度及文件

（1）要求　具有组织无公害、绿色、有机产品生产和管理的技术制度体系。

（2）控制措施

① 应建立或收集从产地到储运全过程的无公害、绿色、有机产品生产质量安全控制技术规程和产品质量标准。

② 应收集并保存现行有效的农产品质量安全相关法律法规及有关标准文件。

③ 应建立关键环节质量控制措施、人员培训制度、基地农户管理制度、病虫害监测制度、投入品管理制度以及产地环境保护措施等。

④ 应建立质量安全责任制，明确关键岗位人员职责要求。

⑤ 分户生产的，应建立农业投入品统一管理和产品统一销售制度。

⑥ 涉及农户的农民专业经济合作组织，应有与合作农户签署的含有产品质量安全管理措施的合作协议和农户名册。

⑦ 应在种植区范围内合适位置明示国家禁用农药清单。

2. 生产管理人员

（1）要求　有专业的生产和质量管理人员，有专职内检员负责藠头生产和质量安全管理。

（2）控制措施

① 有经培训合格的无公害、绿色、有机产品内检员，负责生产过程和产品质量安全管理工作。

② 关键岗位生产人员健康证齐全且有效（适用时），初加工藠头从业人员健康要求应执行国家食品安全法律法规的相关规定。

③ 应对生产管理人员进行质量安全生产管理与技术培训。

3. 生产记录档案

（1）要求　建立生产过程记录并归档管理。

① 生产者应建立生产档案，记录农业投入品种子、农药、肥料等基本信息和使用情况，以及藠头生产过程中的栽培管理措施。记录内容包括种苗、播种与定植、灌溉、施肥、病虫草害防治、采收、贮运等的相关信息。

② 所有记录应真实、准确、规范，并具有可追溯性。

③ 生产档案文件至少保存2年，档案资料应由专人专柜保管。

（2）控制措施

① 应建立藠头生产记录、销售记录和人员培训记录。记录内容应完整、真实，记录档案至少保存2年。

② 应建立藠头病虫害监测报告档案。

③ 应详细记录生产投入品使用情况，内容至少应包括投入品名称、规格、防治对象、使用方式、时间、浓度、安全间隔期等。

④ 鼓励采用电子计算机信息系统进行记录和文件管理。

二、藠头生产质量安全控制管理制度

建立质量管理体系，并设立质量管理部门，负责藠头生产全过程的监督管理和质量监控，藠头质量问题由专人处理，追查原因，及时改进，保证产品质量。为了健全藠头质量安全管理体系，全面提高藠头产品质量，严格执行以下各项制度。

（一）质量安全控制管理制度

① 严格保护产地环境，控制环境污染，使生产基地环境符合相应的无公害、绿色或有机农产品产地标准要求。

② 认真执行相应的无公害、绿色或有机农产品生产技术规范，加强农业投入品的管理，按照技术规范生产，保证生产过程符合无公害、绿色或有机农产品技术规范。

③ 规范化采收和安全贮运，防止二次污染。

④ 加大农产品的检测检验力度，确保销售的产品符合相应的无公害、绿色、有机农产品的标准。

⑤ 做好基地和产品的认证，加强无公害、绿色、有机农产品标识的加贴和管理。

⑥ 健全记录和档案，建立完善的农产品追踪服务体系。

⑦ 实行产地环境和产品质量自检制度，逐步推行产地产品检测合格准入和准出制度。

（二）投入品使用管理制度

农业投入品的购买、存放、使用、包装容器回收处理，实行专人负责制，建立进库出库档案，登记好农业投入品采购信息。

① 要选用符合标准化生产要求的种子、种苗、肥料、农药、农膜、浇灌用水、保鲜剂、防腐剂等农业投入品。

② 加强农药管理与使用

a.农药购买　必须由采购部（专人）统一购买，购买农药要三证齐全（登记证号、生产批准证号、执行标准号），禁止购买国家禁、限用农药，并按农资采购记录表填好采购记录。

b.农药存放　必须专房或专柜保存，严禁与其它物品混放，特别是与食用农产品混放。

c.农药发放　必须细致登记所发放的农药名称、主要成分含量、数量、领取人名字，做到心中有数，避免不安全事件的发生。

d. 农药使用 必须由相关的技术人员根据实情核准农药的使用种类、数量、方法以及在使用过程中应注意的事项等，坚决消除在农药使用方面的不良行为。

e. 农药空瓶（袋） 必须回收存放，回收空瓶数量与领用数量进行核对，不得随意丢弃，由公司（合作社）统一处理。

③ 大力推广和使用有机肥、抗病虫品种，非化学药剂种子处理法，杀虫灯诱杀害虫法，机械捕捉害虫法，机械和人工除草法等生物防治病虫草的措施。

④ 严格按照化肥、农药等农业投入品的使用方法、方式、时间等要求使用农业投入品，并做好使用记录。

⑤ 妥善收集和处理农膜、农药瓶等农业投入品废弃物，避免造成二次污染，有效保护环境。

（三）生产档案记录制度

生产档案记录包括农事操作记录（包括播种期、施肥期、肥料品种、施肥量、施肥方法、施药期、病虫防治对象、农药品种、施药量、施药方法、防治效果、农药安全间隔期和产品采收期）、产品检测记录和产品流向记录。记录到品种、到地块（丘），由专人负责，且记录和档案均齐全并保存 2 年以上。

① 建立生产记录档案，对生产过程及农业投入品使用情况进行详细记录。

② 生产记录要及时、准确、实事求是，其主要内容包括：

a. 品种 包括品种名称、生产和供应单位、种子生产时间。

b. 整地情况 包括耕地、浇灌底墒水等。

c. 肥料使用情况 包括肥料供应单位，底肥品种、数量，追肥品种、数量，追肥时间、方式。

d. 种植（育苗、定植）情况 包括种植时间、方式、播种量、密度。

e. 农药使用情况 包括农药来源，土壤处理用药，生长期间喷药，农药品种、单位面积用量、用药时间、喷药方式等。

f. 化学除草情况 包括农药来源，所使用化学除草剂的种类、安全间隔期、单位面积用量、用药时间、喷药方式等。

g. 田间管理情况 包括中耕、灌水时间、方式等。

h. 收获情况 包括收获时间、方式，产量。

（四）产品检测与准出制度

配备必要的农药残留速测设备，对农药残留进行检测。每批次产品须实行自检，产品合格率达 100% 方能出厂（园），检查不合格的产品一律不得上市销售，销售的产品要有产地准出证明。

① 积极配合上级部门对农产品开展农残抽样检测工作。

② 没有达到安全间隔期的产品不能作为农残检测样品，也不得收获上市交易。

③ 农产品上市前必须自检或委托乡镇、街道检测室检测，检测合格后方可上市交易，检测不合格的不予上市，对不合格产品进行无害化处理。

④ 检测报告单与生产记录同步保存。

（五）员工管理制度

1. 人员配备

配备与藠头生产规模、品种、产品检验要求相适应的人员、场所、仪器和设备，负责生产资料及藠头产品的内部检验。

2. 培训

制订培训计划，负责藠头无公害、绿色、有机产品生产技术知识培训。

3. 安全

农产品整理、分级、包装员工和农产品直接销售员工必须到指定机构进行健康检查。持健康体检合格证后，方可从事农产品整理、分级、包装和销售工作。

（六）质量追溯制度

对标准藠园内的生产产品统一编码，统一包装和标识，有条件的应用信息化手段实现产品的质量查询。确保从生产源头上控制藠头质量。

① 实施从农业投入品购进、使用，产品的生产、销售等全过程的登记记录，为质量追溯奠定基础。

② 发现产品质量检测不合格或出现其它问题时，质量追溯人员应会从下列环节进行追溯。

a. 产品运输、贮藏情况。

b. 产品收获情况。

c. 产品生产过程中农药使用情况。

d. 产品生产过程中肥料使用情况。

e. 灌溉用水来源。

f. 其它情况。

通过对农产品生产过程及农业投入品逐一排查，结合质量检测，最终找出产品质量变化的原因，并及时进行相应处理。

三、藠头生产危害分析与关键控制点

危害分析和关键控制点（HACCP）是一种防止食品受到生物、化学、物理危害的预防性管理体系，该体系是将一切导致产品不合格的因素消灭在食品的生产加工过程中，而不是依靠对最终产品检测分析来保证食品质量安全。

（一）薤头生产流程的危害分析

1. 薤头生产流程

（1）鲜食薤头生产流程

基地选择（产地环境）→整地、施基肥→选种、播种→田间管理（肥水施用、病虫草害防治）→采收、清洗→整理、分级、包装→贮存→产地检验→运输→销售。

（2）加工薤头生产流程

基地选择（产地环境）→整地、施基肥→选种、播种→田间管理（肥水施用、病虫草害防治）→采收、整理、包装→产地检验→运输→加工。

2. 薤头生产的危害分析

在薤头生产从基地选择到运输流程中，都有可能存在影响薤头质量安全的危害因子，运用 HACCP 原理对流程中可能存在的生物、化学、物理等方面的因素进行危害分析（HA），在此基础上找到关键控制点（CCP），对其进行监控。

（1）生物危害　薤头在生产过程中，被不洁净的灌溉水、人畜粪便和生物有机肥污染，出现的危害人体健康的致病菌、虫卵等。

（2）化学危害　在生产过程中，环境污染物及农业投入品的不当使用产生的化学性危害。主要包括天然毒素、农药残留、植物激素、重金属、酚类化合物、苯类化合物、硝酸盐等。

（3）物理危害　物理危害包括各类可以使人致病或致伤的非正常的有机或无机杂质。多是生产加工过程中的外来物，如纤维、玻璃、金属等。另外，也包括自然环境条件聚变造成的生产、采收、贮存、运输过程中的机械损伤等外观品质受到影响的危害等。

薤头生产过程中的危害分析见表 2-8。

表 2-8　薤头生产全程质量监控中的危害分析

生产步骤	危害分析	是否显著	判断依据	预防措施	是否为CCP
基地选择	B：致病菌、虫卵等； C：重金属、农药、二氧化硫、氟化物、硝酸盐等； 其它危害：周边环境	是	土壤、水、空气等产地环境危害因子通过根系、叶片进入植株造成污染	远离污染源，选择生态环境良好，大气、土壤、灌溉水符合无公害、绿色、有机产地环境条件标准的区域	是CCP1
整地、施基肥	B：致病菌、虫卵等； C：硝酸盐、重金属	是	肥料有效成分、肥料中的有害物质影响薤头产量、质量	平衡施肥、施腐熟有机肥	否
选种、播种	B：致病菌、虫卵等； P：薤种饱满度、抗性、播种期、播种方法	是	薤种质量、播期、密度，影响薤头产量、质量	薤种质量应符合标准，选择合适播种期和播种方法	是CCP2

生产步骤	危害分析	是否显著	判断依据	预防措施	是否为CCP
田间管理	B：致病菌、虫卵等； C：农药、重金属、硝酸盐等； P：碰伤、病斑、虫伤等	是	重金属、硝酸盐、农药残留超标	搞好田园卫生，严格按照农药、肥料系列标准要求执行，并注意安全间隔期	是CCP3
采收、清洗	B：致病菌； C：农药、硝酸盐； P：机械损伤挤压； 其它危害：工作人员卫生	是	施药后不久采收，机械损伤加重致病菌繁殖，水源污染等影响质量	按商品标准及农药安全间隔期采收。水质符合饮用水标准	是CCP4
整理、分级、包装	B：致病菌等； C：二次污染； P：机械损伤、杂质	是	交叉感染、机械伤、包装容器不清洁不规范	包装容器清洁规范使用，去除杂质	否
贮存	B：致病菌等； C：保鲜剂等； P：压伤、擦伤、失水干缩、积水腐烂	是	存放地点选择不当，温湿度控制不好，滥用保鲜剂	选择合适的存放地点，控制贮存温湿度和气体成分，合理使用保鲜剂	否
产地检验	B：致病菌等； C：农药残留、重金属、硝酸盐、保鲜剂等； P：成熟度、整洁性（杂质、青藠头）	是	使用农药超标，土壤和水污染，重金属超标，藠头内存在致病菌和寄生虫，可能带有金属、玻璃碎片、泥沙石、纤维绳，青藠头，乱用保鲜剂	加强基地例行监测和检测，特别是农药残留、重金属检测，控制破口、青口果在10%以下，及时排除杂质	是CCP5
运输	B：致病菌等； C：环境污染等； P：运输工具条件、搬运损伤	是	运输中温湿度变化、运输工具选择不当影响质量	选择适宜的运输工具，降低运输时温湿度，缩短运输时间，气温高采用冷藏式运输车辆	否

注：B—生物危害；C—化学危害；P—物理危害。

（二）确定藠头生产质量安全的关键控制点

根据对各生产环节潜在的危害分析，按照 HACCP 原理，确定基地选择，选种、播种，田间管理，采收、清洗，产地检验五个环节为关键控制点。

1.基地选择

不良生产环境会带来重金属、农药残留及其它污染物超标的危害。要求生产基地周边无污染企业，土壤本底值或残留不影响产品质量，空气、土壤和灌溉水质量应符合相应的国家标准。因此，基地选择是藠头生产过程中第一个关键控制点，是危害藠头质量安全的主要因子之一。

2.选种、播种

主要影响藠头品质和产量。鲜食藠头与加工藠头品种品质不一样。种苗从田间收获和仓储过程中都可能被病原微生物和害虫侵袭,为消灭潜伏在种苗的病菌需要使用化学药剂浸种而带来农药残留的隐患。种植时间、深度、密度和均匀性都对藠头的质量安全产生一定的影响。

3. 田间管理

(1) 农药使用 农药使用对藠头质量安全造成危害主要体现在片面依赖化学农药、使用高毒高残留农药、增加农药使用次数和浓度、过量使用植物生长调节剂等。农药使用是造成藠头质量安全的主要危害因子。

(2) 肥料施用 肥料既影响产量,也影响质量。肥料受到污染,就会给藠头带来污染,不合理施用也会造成生态的面源污染,影响可持续发展。要防止偏施化肥,力争多施有机肥,速效与缓效兼用。过磷酸钙、钙镁磷肥等矿物初级加工产品中含有重金属、氟化物等,植株能吸收、富集这些有害物质;未被植株利用的氮肥经过一系列复杂的生物、化学转化变成硝酸盐、亚硝酸盐等随田间排水和渗漏水下渗污染地表和地下水源;微肥的不合理施用和劣质微肥产品中的有害元素,除对藠头本身产生危害外,还可能对环境和人类造成伤害。

(3) 灌溉水控制 一是确保灌溉用水水质符合标准;二是灌溉水的科学合理使用,不仅可以节约藠田用水,也能提高藠头的产量和质量。建设标准化藠田,做到要灌能灌、要排能排。尽量利用天然降水,提高灌溉水的使用效率,以降低用水成本。

4. 采收、清洗

农药安全间隔期是确保收获后的藠头农药残留符合相应标准的主要措施之一。收获时严格执行安全间隔期,是藠头质量安全的最关键控制点之一。

5. 产地检验

产地检验是保证藠头上市前的最后一道关键控制点,应按照国家行业标准进行检验,可防止有农药残留、重金属超标的藠头进入流通环节。

藠头生产质量安全关键控制点见表 2-9。

表 2-9 藠头生产质量安全关键控制点

关键控制点	CCP 临界值	CCP 监测程序	监测时期	监控人	CCP 出现偏差的纠正措施
基地选择 CCP1	产地环境符合无公害、绿色或有机环境条件土壤、水、空气的质量标准要求;不存在污染源	依据无公害、绿色或有机环境条件,对产地环境进行监测和环境评价,进行认证	生产前、生产过程中	藠头生产者	监测不达标不得种植无公害、绿色或有机藠头,或进行土壤治理
选种、播种 CCP2	种子要符合藠种质量标准的要求,保证出苗率 95% 以上	根据藠头种子质量标准对种子进行检测,选择合适的播种期和播种方法	选种和播种时	藠头生产者	选购达标的种子,选择适宜的播种时间及方法

关键控制点	CCP 临界值	CCP 监测程序	监测时期	监控人	CCP 出现偏差的纠正措施
田间管理 CCP3	有毒有害物质残留在无公害、绿色或有机蔬菜标准限量范围内	根据无公害、绿色或有机农产品标准进行病虫草害防治、施肥、灌溉	藠头生长期间	藠头生产者	控制施药施肥次数、浓度、施用种类及安全间隔期，控制水源质量
采收、清洗 CCP4	采收期达到安全间隔期	按照农药安全间隔期采收	收获时期	藠头生产者	不到安全间隔期不得采收
产地检验 CCP5	农药残留、重金属、卫生指标等在无公害、绿色、有机农产品标准限量范围内	对出基地产品进行检测	出基地时	藠头生产者、质检部门	不合格不得出基地，确认超标后立即处理

(三) 确定关键控制点的临界值

确定关键控制点的临界值这一"技术指标"是 HACCP 体系的核心内容。

1. 基地选择

产地土壤中的汞、铅、镉、铬、砷，大气中的二氧化硫、氟化物，灌溉水中的氰化物、汞、铅、镉、铬等各类污染物的临界值要符合相应的无公害蔬菜、绿色蔬菜、有机蔬菜产地环境条件的要求。

2. 选种、播种

种子要符合藠种质量标准的要求，保证出苗率95%以上。

3. 田间管理

农药肥料的使用要符合相应的无公害蔬菜、绿色蔬菜、有机蔬菜对农药肥料的要求。

4. 采收、清洗

按照农药安全间隔期和收获前20天不得使用速效氮肥的要求控制采收。

5. 产地检验

上市销售的藠头的农药残留、重金属、亚硝酸盐及微生物等指标要在相对应的无公害、绿色、有机农产品质量标准限量值内，各种剧毒、高毒、高残留农药不得在产品中检出。特别是出口产品，要符合进口国的质量标准限量值。

第三章

薤头标准化轮作套种与软化栽培技术

第一节 薤头标准化轮作套种技术

一、薤头连作障碍及其防治措施

（一）薤头连作障碍

连作障碍是指在同一土壤中连续栽培同一种或同科作物时，即便在正常的栽培管理措施下也会发生长势变弱、产量和品质下降的现象。薤头忌连作，连年在同一块地里种薤头或与葱蒜类蔬菜（大蒜、葱、韭菜等）重茬，则根系发育不良，引起植株生长势衰弱；或者幼苗出土后，叶逐渐干枯；或易患病害，鳞茎亦小，降低了薤头产量和品质。其产生原因有土壤传染性病虫害、土壤理化性质劣变以及由根系分泌物和残茬分解物等引起的自毒作用3个方面。具体表现在：

一是葱蒜类蔬菜都是弦线状根系，分布在土壤表层，吸收养分的范围和种类基本相同，重茬时过多消耗土壤中某些营养元素，容易引起某种营养元素的缺乏，造成土壤中养分不平衡，限制产量提高。即使采用施肥的办法加以调节，也不能保持土壤中各营养元素之间的相对平衡状态。

二是葱蒜类蔬菜的根系分泌物基本相同，而根系分泌物对病原菌和土壤微生物的繁殖有很大影响，重茬时易引起土壤中相同病原菌的大量繁殖和积累、土壤微生物多样性的破坏，使病害愈来愈严重。

三是葱蒜类蔬菜有相同的地下害虫，主要是根蛆。重茬时虫口密度增加，危害的严重程度也随之增加。

四是葱蒜类蔬菜对杂草的抑制能力弱，除草又比较困难，田间残留的杂草根、茎及种子较多，如果连年种植，杂草不断滋生，更难彻底清除。

因此，藠头一般应与非葱蒜类作物隔2～3年轮作倒茬一次。

（二）藠头连作障碍的防治措施

连作导致土壤条件恶化，病虫害发生严重，藠头的产量、质量和效益不稳定，影响到藠头的稳定和可持续发展。随着连作障碍原因的不断探明和实践经验的不断积累，一些抗连作障碍的技术也在发展和成熟。目前生产上常用的克服连作障碍的技术有以下几种：

1. 轮作和间套作

轮作是国内外早已普遍采用的防病措施，也是解决连作障碍最为有效的方法。目前推广的水旱轮作技术效果较好。

2. 选用抗病品种

选择、利用抗病品种可以克服病原菌的侵染。同时选用不带病虫害的种苗或经消毒处理的种苗可减少连作病虫害发生。

3. 无土栽培

无土栽培是解决连作障碍最彻底的方法，由于它完全采用人工基质或纯粹的营养液进行植物生产，所以病虫害较少，也不会产生土壤盐类积累现象和自毒作用。

4. 加强土肥水管理

① 土壤消毒　一是利用高温和淹水等处理，生产上采用烧田熏土、夏季盖膜热闷等进行土壤处理，杀死土传病原菌、线虫和其它虫卵及杂草种子；二是利用土壤熏蒸剂、土壤消毒剂等处理，如施用氰氨化钙（又称石灰氮）进行土壤消毒，对地下害虫、根结线虫、土传病害和杂草具有广谱性的杀灭作用，无残留、不污染环境，还能改良土壤结构、调节土壤酸碱度、消除土壤板结、增加土壤透气性、降低蔬菜中亚硝酸盐的含量等。藠头生产常在翻耕烤土的基础上，结合整地每撒石灰20～25kg进行土壤消毒。

② 加强耕作管理　实行秋翻深松，精细整地，生产用地根据土壤水分状况选用平翻、耙耢、破旧垄合新垄和深松加旋耕等耕法，以打破犁底层、打乱前茬土壤层次为目标，改善土壤水、肥、气、热状况，形成新的根系生长环境，促进藠头根系发育，增强植株抗病能力，减少病虫对根系的危害。

③ 配方施肥，提高土壤肥力　依靠化肥工业的发展和施用农家肥的传统习惯，根据上一年的植株表现或测土结果进行藠头测土配方施肥，适当增加施肥量，及时补充营养成分，使土壤保持养分的动态平衡。施肥时要强调微生物有机肥和化肥配合施用，要争取做到分层深施，结合耕翻整地起垄，合新垄时将有机肥、化肥施入新垄体中，混夹在新垄中。种肥要分层深施，确保全生育期对养分的要求。生长发育期间，根据藠头生长状况追肥和叶面喷肥，追肥和叶面喷肥可在藠头分蘖期和鳞

茎膨大期进行。

④ 及时拔除中心病株，清除作物病残体和周围杂草，集中烧毁或深埋，减轻连作病害。

⑤ 通过合理的水分管理，冲洗土壤有毒物质、减少虫卵等。

5. 加强病虫草害防治

用新型高效低毒农药进行土壤处理或薤头残体处理，药剂拌种、生长期间进行化学防治等，可有效地减轻病虫草的危害。特别是在生长期间如发生连作障碍，可选择适宜浓度的药剂采用喷施和灌根的方式防止土传病虫害进一步蔓延。

在薤头生产中，连作现象仍是普遍存在的，虽然连作障碍难以完全消除，但是合理地选择前茬或后茬作物，有针对性地采取一些技术措施能有效地减轻连作的危害，提高薤头耐连作程度，延长连作年限。如采取薤种消毒和土壤消毒相结合的方法，加强栽培管理，可解决薤头连作过程中种苗带虫带菌和土壤带虫带菌而引起薤头生产过程中病虫流行发生死苗的难题，同时也改良了土壤，减轻了杂草危害。

二、薤头轮作套种技术

薤头栽培制度在不同生产地区不尽相同，由于间作群体结构复杂，种、管、收不方便，仅自给自足的家庭采用间作，一般采用轮作套种或单作。薤头与其它作物轮作套种的方案有很多，能够成功地发挥轮作套种的优点，提高土地利用率，增加单位面积产值。但需要根据当地具体情况而定，关键要确定薤头收获与下次栽薤头之间的间隔时间，选生育期适中的后茬品种，做到搭配合理。另外肥料要充足，管理要跟上，需要育苗的应在别处提前育苗。

（一）薤头轮作套种的好处

薤头需持续高效生产，应建立合理的耕作制度。薤头产区的轮作制度有水（水稻）旱（薤头）作物轮作和旱地作物轮作两种类型。如湖南省湘阴薤头基地采用薤头与水稻轮作的具体做法是：第一年水稻收割后种薤头，第二年薤头收获后再栽水稻，依此类推。实行合理的轮作，有利于实现薤头持续高产稳产，具体地说，轮作有如下作用。

1. 均衡利用土壤养分

不同作物对土壤营养元素具有不同的要求和吸收能力。不同作物实行轮作，可以全面均衡地利用土壤中各种营养元素，用养结合，维持地力，充分发挥土壤的生产潜力。

2. 减轻薤头的病虫为害

作物的有些病虫害是通过土壤传播感染的，且每种病虫对寄主都有一定的选择性，在连作情况下，这些病虫便大量滋生为害。作物实行定期轮作，便可消灭或减少病虫的发生和为害。特别是水旱轮作，生态条件改变剧烈，更能显著地减轻病虫害的发生。

3. 减轻田间杂草的为害

有些农田杂草的生长季节、生长发育习性和要求的生态条件，往往与伴生作物相似，连作必然有利于杂草滋生，增加草害。实行合理轮作，可以有效地抑制或消灭杂草。如进行水旱轮作，水生杂草因得不到充足的水分而死亡；相反，一些旱地杂草，在水中则会被淹死。

4. 改善土壤理化性状

作物的残茬、落叶和根系是补充土壤有机质的重要来源。作物的根系能起到改良结构、疏松耕层土壤的作用。特别是水旱轮作，改善了土壤通气性，能明显地改善土壤的理化性状。

（二）藠头水稻轮作栽培技术

1. 轮作模式

藠头一般于 9 月中下旬播种，翌年 6 月上旬收挖，作为加工原料。采用排水方便的稻田特别是高岸田种植一季水稻后种植一季藠头，既可通过水旱轮作改良土壤、减轻病虫草为害，又可充分利用地力，实现双季高产、高效。

2. 栽培技术

（1）一季稻栽培技术

① 栽培时间安排　水稻育秧采用软盘育秧或水育秧均可。水育秧以 5 月下旬为宜，而软盘育秧以 6 月上旬为宜。于 6 月下旬插秧或抛秧，9 月中下旬机械收割或人工收割。一季稻亩产量一般可达 500kg。

② 品种（组合）选择　选择生育期适中的中晚熟水稻品种（组合），如玉针香、岳优 9113、T 优 115、湘晚籼 12 号等，这样不至于因为选择晚稻品种（组合）迟熟而推迟一季晚稻收割，导致藠头的播种期推迟，影响藠头的产量。

③ 科学施肥　在施肥上与一般连作晚稻基本相同。因为前作藠头施肥较多，一季稻施肥量比双季晚稻稍少一点，纯氮少施 0.5～1kg/亩，氧化钾少施 0.5～1kg/亩。为了提高磷肥的肥效，轮作时，磷肥施用在藠头上，在水稻上不施用磷肥。因为水稻种植时，土壤处于淹水和还原条件，磷的有效性较高，前作藠头施用的磷肥在还原条件下能得到利用。一季晚稻施纯氮 10～10.5kg/亩，施氧化钾 3.5～4kg/亩。氮肥 60% 作基肥，施碳铵 35.3～37.1kg/亩，40% 作追肥，分别于分蘖期和孕穗期追施尿素 8.7～9.1kg/亩。钾肥用氯化钾，于孕穗期追施，施用量为 5.8～6.7kg/亩。

④ 大田管理　与双季晚稻相同。活蔸后，结合追施尿素进行化学除草，保水

2～3d，以后干湿交替灌水。由于水旱轮作的稻田地势较高，灌溉条件较差，后期容易过早断水，特别注意灌浆成熟期仍应适当灌水，保持田间湿润，以利于稻谷灌浆，籽粒饱满。

⑤ 病虫草防治　与一般双季晚稻基本相同，但要根据田间病虫害发生情况适时防治。田间除草在一季水稻抛插后5～7d结合追施尿素进行化学除草。

（2）藠头栽培技术

① 按时播种　9月下旬播种，次年6月8日～6月15日收获。藠头生长时间长达8个月，注意稻田种藠头宜在10月1日前播完。

② 整田开沟　选择通透性好的沙壤土田块种植，土质黏重或过沙都不利于藠头生长。收完一季稻后，清理稻草及四周杂草，将其烧制成火土灰，或将稻草异地覆盖于其他旱地作物上。待土壤适当晒干后（土壤水分太少太多均不易翻耕），翻耕耙碎，分厢作畦，开好厢沟、腰沟和围沟，以利于排水，厢宽1.5m。

③ 选用良种　根据市场要求，选择品种。一般情况下应选择抗病性好、分蘖性强、鳞茎个大且白而脆嫩、产量较高的大叶藠和长柄藠作加工品种，选择细叶藠作鲜食品种。

④ 合理施肥　整地作畦时在适量施用腐熟的农家肥、菜饼等有机肥的基础上，基肥施用养分含量为45％（15-15-15）的复合肥50kg/亩，在播种时将复合肥条施于播种条沟内，再用土将肥料覆盖，然后按株距10～14cm摆放藠头，注意藠头不与肥料接触。实行条播时，株距10～14cm，行距20～25cm。播种覆土后畦面及时覆盖稻草，达到调温保湿、防止土壤板结、抑制杂草生长的效果。覆盖厚度以不见畦面为宜。

在藠头生长期内，根据藠苗生长情况，注意稀施提苗肥，早施腊肥，重施壮棵肥。一般追肥用尿素，施用量为10kg/亩，于2月下旬开春升温和4月藠头鳞茎膨大期时，结合除草松土和浅培土分两次追施，以促进藠头的生长和膨大。过去有很多农民追肥用碳酸氢铵洒施，一旦没有下雨常造成叶片的灼伤而大量死苗。藠头追肥宜用尿素，不宜用碳酸氢铵。

⑤ 大田管理　主要注意两点：一是除草松土后，应浅培土以防藠头鳞茎露于地表，经日晒变绿，影响藠头的商品品质；二是雨季来临前要清沟沥水，以防根茎腐烂和病虫害发生。

⑥ 病虫草害防治　在选择无病健壮藠头鳞茎作种子、开沟排水降低田间湿度、重视配方施肥情况下，仍发现病虫草害时，再进行药剂防治。

a. 霜霉病　4～5月久雨不晴，发病严重，阴雨转晴后，每亩用68％精甲霜·锰锌水分散粒剂或25％甲霜灵可湿性粉剂50～100g兑水60kg叶面喷雾。

b. 软腐病　6月初高温时发生。始发病，每亩用农用链霉素或春雷霉素20g兑水50kg茎叶喷雾。

c. 葱蝇　前期钻入叶片管内，取食叶肉，后期进入根部。4～5月幼虫发生高峰期每亩采用 2.5％高效氟氯氰菊酯（功夫）乳油 30mL 兑水 50kg 茎叶喷雾。

d. 葱蓟马　主要发生在 3～5 月，用 25％噻虫嗪水分散粒剂（阿克泰）喷雾。

e. 架草　播种后 10d 内，每亩用 96％精异丙甲草胺乳油（金都尔）60mL 兑水 60kg 喷雾于表土。开春升温后杂草生长加快，结合中耕和培土进行人工除草。

⑦ 收获及留种　根据对商品薤头的需求，适时收获，加工薤头一般是 6 月 8 日～6 月 15 日收获。为方便采收，开挖前 3～4d 灌一次水，待水落干后，即可直接用手拔起薤头，割去叶子和根，清理干净出售。收获同时进行留种，选用无病虫、无伤口、个体较大的薤头，去叶去根，晒 2～3d，利用阳光直晒消毒，并蒸发部分水分，减少薤头含水量，以利于薤头保存较长时间。将晒过的种薤头铺开存放于干燥阴凉的地方进行贮存，保存到 9 月份再用于播种。

（三）薤头玉米套种栽培技术

1. 选用良种

选用优质、高产、抗逆性强的薤头品种，挑选无伤、无虫蛀、大小均匀的薤头作为原种。玉米选用优质、高产、抗逆性强、生育期适中的良种，种植鲜食的糯玉米、甜玉米更好。

2. 科学安排茬口，合理密植

薤头播种期以 9 月中旬至 10 月上旬为宜，播种过早薤头尚未萌动；过迟气温低，生长慢，影响来年产量。按行距 35cm、株距 15cm 把薤头斜放于植沟内，覆盖 2～3cm 厚的细土。一般每亩栽培薤头 1.2 万穴左右，每穴播种 3～4 粒为宜，每亩用种量 200kg。

翌年四月上中旬，当薤头苗高 25～30cm 时，将玉米播种于薤头间，播种过迟影响玉米产量，如种生育期较短的糯玉米，可在薤头收获后种植。播种规格为行距 80cm，株距 30cm，单株留苗，一般每亩套种玉米 2700 株。

3. 田间管理

（1）基肥　薤头播种前每亩施腐熟厩肥 1500kg、复合肥 10kg 作基肥。玉米播种时每亩施腐熟厩肥 2000kg。

（2）追肥　薤头在整个生长期需进行 3 次追肥，年前施出苗肥以沼液为主，800kg/亩，翌年 2 月中旬气温回升是薤头产量形成的关键时期，结合锄草每亩施沼液 800kg 加硫酸钾 8kg；3 月中旬薤头鳞茎进入膨胀期，每亩施三元复合肥 20kg，施用过迟影响产量，每次结合追肥松土除草。

玉米追肥在苗期每亩施沼液 600～800kg，在大喇叭口期进行第二次追肥每亩施沼液 1200kg。

（3）培土　薤头培土是优质高产高效的一项关键性技术。在薤头生长中后期，地下鳞茎迅速膨大，易暴露变绿，影响到薤头的商品性和经济效益。培土一般在

"小满"前后进行，连续 2～3 次，将裸露的鳞茎用土覆盖。薤头培土可结合玉米苗期的中耕除草进行。

4. 病虫害防治

（1）薤头病虫害防治　薤头病虫害发生比较轻，在生长中主要采用综合防治措施：选择无病区的薤头鳞茎作种；种植 2～3 年后进行轮作换种；采用科学的配方施肥方法；进行开沟排水，降低土壤湿度。

（2）玉米病害虫防治　玉米螟是玉米的主要害虫之一，心叶期受害，当新叶出现排孔为害状时，每亩用氯虫苯甲酰胺 10～15mL 加水 30kg 喷灌新叶防治。玉米大喇叭口期每亩用苏云金杆菌（Bt）可湿性粉剂 80g 混细沙 4kg 撒入喇叭口防治。玉米大斑病选用 50％多菌灵可湿性粉剂 500 倍液，发病初期喷施，以后每隔十天喷一次，共喷 2～3 次。

5. 适时采收

薤头的采收一般在 6～7 月地上部叶子共有 1/3 枯黄，薤头鳞茎充分成熟时进行；玉米在 9 月上旬成熟收获。

（四）薤头棉花套种栽培技术

在棉花种植区进行薤头与棉花套种，可提高土地利用率，获得棉、薤双丰收。

1. 薤头棉花套种优点

① 薤头植株矮小，叶片匍匐，有利于棉苗及时播种或移栽，成活快而整齐。

② 薤头是喜稀疏阳光的作物，播种后由于有棉花遮阴，土壤水分含量大而稳定，故出苗快而齐，一般比空土早出苗 10d 左右，如遇秋旱年份，更比空土中的薤头出苗整齐，为薤头增产打下了较好的基础。

2. 薤头棉花套种模式

以棉花种植行为基准，合理安排种植规格，提高土地利用率。

棉花种植规格有两种：第一种是垄宽 3m，宽窄行种植 4 行棉花，宽行 83.3cm，窄行 66.7cm，株距 22～24cm，3500 株/亩左右；第二种是垄宽 3m，等行距种植 4 行棉花，行距 75cm，株距 22～24cm，3500 株/亩左右。

第一种植棉规格田中，在宽行中种两双行薤头，窄行中种两单行薤头，每垄共 10 单行，株距 20cm，11100 穴/亩。

第二种植棉规格田中，每棉行间种两行薤头，每垄共八单行，株距 12cm，14800 穴/亩。与净作薤头 2 万～2.5 万穴/亩相比较，土地利用率提高 55.5％～59.2％。

3. 主要技术措施

（1）薤头栽培技术

① 适时提早播种期　将传统的薤头播种期提前到 7 月下旬到 8 月上旬，能促

进出苗整齐，延长营养生长期，促使薤头个体增大、产量提高和提前成熟。有利于及时收挖和加工。

② 采用"深开槽、横摆种、浅覆盖、勤施肥、多培土"的综合栽培技术，以利于分蘖多、个大白净、产量高。播种槽深 10cm 以上，槽底横摆薤头，播种后覆土 5～7cm，然后盖渣草、秸秆等物，以防止雨水板结土壤。齐苗后至冬至前施 1～2 次肥，同时培土壅蔸，以促进分蘖，防止出现青薤头，影响加工品质。

③ 少中耕，勤除草　薤头是须根系作物，须根多集中于表土，不适当中耕只能损伤根系，影响正常生长。一般只在春节前后中耕一次，整个生长期间随时清除杂草，防止出现草害。

④ 适时收挖，留好种　收挖薤头的适宜时期是 6 月中、下旬，过早收挖则个头小、产量低；过迟则易脱皮、散瓣，影响加工品质。同时选长势旺盛，叶粗色绿的作种薤，留在土中不挖，于 6 月中、下旬割去地上部分，使其在土壤中越夏，播种时再挖出，随挖随播种。

（2）棉花栽培技术　根据薤头收获与下次栽薤头之间的间隔时间，选生育期适中的棉花品种，确保薤头与棉花双丰收。一般直播棉田 4 月中下旬播种，5 月初出苗，6 月中旬现蕾。移栽棉田 4 月上旬育苗，5 月上旬移栽，6 月上旬现蕾。棉花栽培管理要点如下：

① 追施苗肥　根据"重施早施花铃肥，普施盖顶肥，看苗施好长桃肥"原则，播种前未施肥者，收获薤头后立即追肥，每亩施尿素 5～8kg，饼肥 25～30kg，优质土杂肥 1000～1500kg，磷肥 25kg 或磷酸二铵 15kg。初花期每亩施尿素 10～15kg。8 月中下旬至 9 月上旬视棉花长势喷施浓度为 0.2% 的磷酸二氢钾水溶液或 0.5% 的尿素水溶液。

② 浇水　收获薤头后视墒情浇水，初花期、花铃期遇旱浇水，8 月底至 9 月上旬遇旱及时浇水。

③ 中耕培土　收获薤头后中耕，雨后或浇水后中耕。6 月下旬覆膜棉花结合揭膜进行培土，移栽棉田 6 月底至 7 月初进行培土。

④ 治虫化控　主要是防治棉蚜、棉铃虫、红蜘蛛等。另根据棉花长势，分别于现蕾期、初花期、花铃期喷施 25% 助壮素进行化学打顶，协调植株营养生长与生殖生长的关系。注意蕾期和天气干旱时用量宜轻。

第二节　薤头标准化软化栽培技术

在一定的温度、湿度和黑暗条件下，利用薤头鳞茎自身的养分，生产出的叶片长而软、组织柔嫩、茎白叶黄、味香鲜美的特色蔬菜，称为"薤黄"。

一、藠黄生产技术

（一）生长条件标准化

1. 生长环境要求

（1）温度　藠黄生长期短，对温度适应范围广。生长适宜温度为 15～20℃，低于 15℃时，藠黄生长缓慢；高于 25℃时，不仅生长受抑制，而且因环境湿度大，鳞茎易腐烂。

（2）光照　在藠黄生长过程中要避免见光，否则，藠黄颜色转绿，纤维增多，影响品质。

（3）水分　藠黄生长过程需要水分，缺乏水分，生长缓慢，叶片粗糙，品质降低。因此在培育过程中要保持基质湿润，经常浇水，形成冷凉清爽湿润的环境，促进生长出高品质的藠黄。但湿度过大，甚至出现积水时，根部和鳞茎易腐烂，影响产量。

2. 生产场所选择

藠黄可以在大田露地栽培，按照正常藠头栽培技术培育，栽后遮光，30d 左右，藠黄割一茬，收有花薹的藠黄后，去除遮盖物，按照正常管理收获一茬鲜食藠头。亦可在大棚、温室、空房、地下室等地栽培。

3. 配套生产条件

在低温季节生产藠黄，若在春节期间上市，需要配备加温设施。当气温低于 15℃时，藠黄生长受阻，增加保温设施，能明显促进藠黄生长，保证产量。

利用大田、温室、大棚等栽培藠黄，需要进行遮光。常用竹木支架，用黑色无毒塑料薄膜或轻质不透明无纺布、草帘遮光。在地下室、山洞等场所生产藠黄，则无需遮光设施。

如采用容器栽培，则需准备深 40cm 左右的敞口无毒的栽培容器，其上可以采用移动遮光设施覆盖。为了充分利用空间，保护地或室内生产还可根据具体情况做成多层床架，扩大种植面积。每层床架相距约 80cm，基部为高 20cm 的种植床。床底铺秸秆、废旧薄膜，上面再铺 10～12cm 的普通园土或细沙土即可。

（二）生产技术标准化

1. 藠种选择

（1）品种选择　生产藠黄一般应选用鳞茎较大的品种，以求发芽快、花薹粗壮、产量高、品质好。

（2）藠种质量　鳞茎健壮饱满，大小均匀一致，心芽粗壮，这样才能使藠头出苗整齐、花薹多、产量高、品质优。如果鳞茎大小不一，则需分级播种。且藠头要完整，无烂、伤、弱的鳞茎。

2. 栽培床制作

因藠黄的生长需要和便于管理，栽培床一般要求深 30cm 左右、宽 120cm 左右，长度因空间而定。室内栽培床上铺沙或沙壤土 5～8cm 厚，摊平。亦可采用沙土、腐熟有机肥与细沙按 2：2：1 的比例混合，作为床底垫土，一般不使用化肥。

3. 种植技术

（1）种植时期　在一定条件下，藠黄可在 9 月上旬至翌年 3 月不断地种植和收获。从种植到收获，在适温条件下 25d 左右，可根据上市期确定种植期。只是不同种植期，藠种来源不同，前期可用低温方法贮存藠种，延缓萌芽，需要时取出种植；中后期可从露地大田挖取藠苗，割去绿色叶片后种植，遮光即可。

（2）种植方法　在准备好的栽培床上一个挨一个地把藠种竖直地排植于床上。藠种要求大小一致、鳞茎上端保持高度一致，使藠黄高度整齐，方便采收。

摆种后，在鳞茎上覆盖 3～4cm 厚的沙土或细沙，并压平压实床面。如心芽已露出，则从鳞茎两侧压紧，随后浇足水，促进出芽。水下渗后，再覆盖 1～2cm 厚的细土，注意补平床面。最后在床面上覆盖保温和遮光设施。

栽培藠黄一般每平方米需用藠种 5kg 左右，室内栽培比室外栽培用种量要大一些。

4. 管理技术

（1）温度管理　温度是影响藠黄生长快慢和品质的重要环境因素。设施内栽培藠黄，种植后可保持较高的温度，使栽培床温度保持在 30℃ 左右，栽后 5d 温度保持在 25℃，以利于种藠发芽生根。当藠黄长至 6cm 时，为促进健壮生长，室内温度适当降低，一般保持在 20℃ 左右。随着藠黄的生长，温度逐渐降低，苗高 15cm 时，以 18～20℃ 为宜，但不应低于 15℃，土温保持在 12℃ 以上。若温度过高，藠黄生长过快，叶片细弱，则产量和质量不高。露地栽培只能根据气候把握温度。

（2）水分管理　水分管理的关键是适时适量浇灌水，控制好床土湿度，促进叶片迅速生长。如土壤过干，叶片生长缓慢，影响藠黄的产量和质量。在密闭的条件下，如若空气和土壤湿度过大，又易发生腐烂现象。

一般在种植后浇一次透水，能维持到藠黄出土。栽后 5d，新根开始长出，出现花薹。当藠黄长出 8cm 左右时，再浇一次 0.5% 的复合肥液或液体复合肥，以后视栽培床湿度浇肥水或清水，以补充部分营养和保持栽培床的湿润。浇水应视床土的干湿度、温度的高低灵活掌握，浇水量以地皮湿为宜，切不可积水。浇水的水温以 15～20℃ 为好。

前茬收割后，在前茬伤口未愈合前不宜浇水，防止从割茬处腐烂。

（3）光照管理　藠黄生长期间需要黑暗条件，故整个生长期栽培床面需要遮光管理，否则，藠黄会出现转青，纤维增多，影响口感与风味。一般采用黑色无毒塑料薄膜或膜上盖草进行遮光，此方法除保持黑暗起软化作用外，还能保持室内的温湿度，有利于藠黄生长。

（4）气体管理　藠黄不需要进行光合作用，但需要氧气进行呼吸作用。因此，为保证栽培床上有足够的氧气供藠黄生长，需在短时间内通风换气，但通风时要注意遮光。

在密闭条件下，如空气相对湿度过大，常易发生腐烂现象，也需及时通风排湿。

（5）营养管理　藠黄主要是利用藠头鳞茎贮存的养分转化形成鲜嫩的叶片、花薹供食用，一般不需要外界供给营养物质。但补充一定的养分能够促进藠黄的生长，提高品质。在出苗后，可间隔 1 周喷一次 0.2％磷酸二氢钾加 0.4％尿素溶液。

5. 采收技术

（1）采收时期　采收时期主要由播种时间和床温以及采收方式决定。当藠黄长到 25cm 高，花薹开花之前，可开始收获头茬。第二茬及以后藠黄长度达到 30cm 时，即可达到收获标准。

（2）采收方法　采收藠黄，要求用刀锋利，割口整齐干净，不连带下部组织，切忌带出鳞茎。收割前先浇一次清水，待水完全下渗后进行收割。刀口尽量靠近地面略高于床面，以提高产量，但注意不能带入泥土等杂物，以免影响商品外观质量。割后半天不要遮光，以利于伤口愈伤组织的形成。最后一刀采收，可连母鳞茎拔出一起包扎出售。但大田栽培母鳞茎留下不拔出，去除遮盖物，按照正常管理还可收获一茬鲜食藠头。

刚采收的藠黄如色泽为淡黄或黄白色，则把刚采收的藠黄扎成 100g 或 250g 的小把，或者薄层平铺在太阳下晒一会儿，期间可翻转藠黄一次，使之见光均匀。晾晒时间因当时天气情况而定，等藠黄转至金黄色即可。注意晾晒时间不要太长，光照不要过强，以防止藠黄失水而影响商品品质。

（3）包装　由于藠黄组织脆嫩，极易失水软化，一般需用塑料袋装或包裹，放入硬质箱子内搬运。

二、小根蒜黄生产技术

1. 场地选择

小根蒜（野藠）黄栽培可选择大田、大棚、温室，也可以选在小作坊、居室、地下室内。

2. 床架及栽培基质选择

多采用4层床架进行立体软化栽培。架高2m，每层长0.8m、宽0.6m、高（层间距）0.3～0.4m，用钢材或其它坚固耐用材料均可。选用较薄的塑料，用塑料胶或电熨斗熨接制成套在栽培床架上的塑料帐。生产箱长0.6m、宽0.4m、高0.1～0.15m，盘底要有漏水的筛孔，多为塑料制品。选用珍珠岩和洁净的细河沙为基质。

3. 消毒

生产前对大田、生产场地、床架、生产箱、基质及所用的工具等进行消毒。大田消毒可用生石灰或塑料薄膜覆盖高温消毒，棚内、室内可用高锰酸钾800倍液进行表面喷洒，珍珠岩和细河沙消毒时还需进行均匀翻动。

4. 播种

露地栽培将鳞茎或珠芽直接播在已准备好的栽培畦上，注意土整细、挖浅沟、盖薄土。室内栽培的生产箱底部铺一层消过毒的无纺布，上铺栽培基质。将鳞茎或珠芽均匀播在基质上，粒挨粒，互相不重叠，每平方米用种量0.75kg左右。播后覆盖3cm厚的混合基质（细河沙与珍珠岩体积比为1：3），整平，浇1次透水，要浇温水，水下渗后出现的下沉部分用混合基质填平。播完一盘后上架，床架摆满后套上塑料帐。

5. 软化栽培管理

设施栽培出苗前昼夜温度控制在20～25℃，出苗后保持在18～20℃，采收前5d降到15℃。一般出苗前不浇水，出苗后每3d浇1次肥水或清水，水量不宜过大，要浇温水。苗高5cm时覆一次3cm厚的混合基质，栽培过程用黑色无毒塑料薄膜或膜上盖草进行遮光，也可用遮阳网遮光。产品高度可达20cm左右，上绿中黄下白，外观品质极为诱人。

6. 小根蒜黄采收

采收时扒开基质，拔出小根蒜黄，用清水冲洗干净，成捆上市。温度适宜的情况下，一个生长周期只需20～25d。

第四章

薤头病虫草害标准化综合防控技术

目前，国内发现的薤头病虫草害有 60 多种，其中传染性病害 10 多种，生理性病害有 10 多种，虫害有 10 多种，草害有 20 多种。不同的薤头产地、不同的年份、不同的气候、不同的耕作水平，新垦区与老作区，病虫草害种类及其严重性会有差异。常年因病虫草害造成的损失在 20%～50%。

在薤头标准化生产中对病虫草害的防控，生产者必须事先按自己的条件确定申报生产有机薤头、绿色薤头还是无公害薤头，再根据相应的标准有针对性地设计预防和综合防治方案。首先注意解决生产中的重大病虫草害问题，如葱蓟马、韭蛆、蚜虫、软腐病、紫斑病、霜霉病等，其次要注意某些可能或正在发展的病虫害。至于对具体的病害、虫害、草害的防治措施的提出，就要根据其发生发展规律和为害特点来考虑，找出薄弱环节，利用栽培技术和生物资源，采取相应措施。

第一节　薤头主要传染性病害及其防治

由真菌、细菌、病毒及线虫等生物病原物引起的薤头传染性病害及其防治技术介绍如下。

（一）薤头霜霉病

薤头霜霉病是薤区发生比较普遍的病害，在低温多雨年份，地势低洼的田块（如前作水稻），导致叶片大量干枯死亡，对产量和效益影响较大。

1. 症状

主要为害叶片，重时发展到鳞茎。叶片染病，先从外叶的中部或端部发病，向上、下或心叶蔓延。产生褪绿的灰黄白色纺锤形或椭圆形病斑，高湿时，病部生白霉。中下部叶片被害，感病的上部叶干枯死亡。在基部感染，病株矮缩，叶畸形或扭曲。注意后期病部也可被其它菌腐生产生黑色霉。

2. 病原

病原为鞭毛菌亚门霜霉属的葱霜霉菌 *Peronospora destructor*。

3. 发病规律

以卵孢子或菌丝体在病残体、薤种上或土壤中越冬，借气流、雨水、昆虫和农事操作等传播，从气孔、伤口或直接穿透表皮侵入。发病适温为 13～18℃，相对湿度 90%以上。一般低温多雨多雾天气有利于发病流行。连作地块，土质黏重，地势低洼，雨后排水不及时，种植过密、田间通透性差，早春梅雨季节、秋季较多雨水，发病严重。一般春季较秋季发生普遍。

4. 防治方法

（1）农业防治　实行与非百合种蔬菜轮作 2～3 年；选择地势较高、排水良好的地块种植；多施充分腐熟的有机肥，增施磷钾肥；高畦或半高畦栽培，合理密植；选晴天施肥浇水，防止大水漫灌，雨后及时排水；保持薤田清洁卫生，及时清除田间病叶、重病株、病残体，并集中处理。

（2）薤种消毒　选用抗病品种，从无病地上留薤种；播前薤种消毒，用 58%甲霜·锰锌可湿性粉剂（药剂用量为种鳞茎质量的 0.3%）拌种。

（3）药剂防治　应从发病初期开始喷药防护，可选用 72%霜脲·锰锌可湿性粉剂（克露）800 倍液，或用 64%噁霜·锰锌可湿性粉剂（杀毒矾）500 倍液，或用 58%甲霜·锰锌可湿性粉剂 600 倍液，或用 77%氢氧化铜可湿性粉剂 800 倍液，或 84.5%霜霉威·乙膦酸盐水剂 600 倍液等喷雾防治。

选晴天交替用药喷雾，每 10kg 药液可加中性洗衣粉 5～10g 作展着剂效果更佳。隔 7d 喷 1 次，连喷 3～4 次。发现蚜虫、蓟马等害虫，应及时防治。

（二）薤头紫斑病

薤头紫斑病为薤头常见病害。主要危害叶片，也可危害鳞茎。

1. 症状

叶片染病，多从叶片中部发生，后蔓延到下部。初期为白色或黄绿色小斑点，稍凹陷，中央微紫色，扩大后病斑呈椭圆形或纺锤形，病斑紫褐色，较大。湿度大时病部长满褐色至黑色粉霉状物，常排列成同心轮纹状。病斑常数个汇合成长条形大斑，致使叶片枯死。如果病斑绕叶片一周，则叶片多从病部软化倒折。

2. 病原

病原为半知菌亚门链格孢属葱链格孢 *Alternaria porri*。

3. 发病规律

病原以菌丝体或分生孢子附着在病株残体上、薤种鳞茎上及土壤中越冬，在温暖地区直接以分生孢子为害,借雨水或气流传播,经气孔、伤口或直接穿透表皮侵入。发病适温为 25～27℃,低于 12℃ 则不发病。因此,温暖、多雨、多雾,发病重。病地连作、低洼地、浇水过多、肥料不足、害虫造成伤口多,发病也重。

4. 防治方法

(1) 农业防治　加强田间管理,施足基肥,增强抗性。实行 2 年以上轮作。选择地势高燥、排水方便的肥沃土壤种植;重施腐熟有机肥,增施磷钾肥;防止大水漫灌,雨季加强排水;及时清除病株残体,深埋或烧毁,减少病原。

(2) 薤种处理　栽种前薤种鳞茎可用 50% 多菌灵可湿性粉剂拌种,药剂用量为鳞茎重量的 0.5%,或用 40% 多菌灵胶悬剂 50 倍液浸种 4h,预防鳞茎带菌。

(3) 生物防治　发病初期,可喷 2% 嘧啶核苷类抗菌素水剂 200 倍液,或 2% 武夷菌素水剂 200 倍液,隔 7d 喷 1 次,连喷 2～3 次。

(4) 化学防治　发病初期,可选用 70% 代森锰锌可湿性粉剂 500 倍液,64% 噁霜·锰锌可湿性粉剂(杀毒矾)500 倍液,72% 霜脲·锰锌 800 倍液,58% 甲霜·锰锌 500 倍液,43% 戊唑醇悬浮剂 3000 倍液,50% 异菌脲可湿性粉剂 1500 倍液等喷雾或灌根防治,隔 7～10d 喷 1 次,连防 2～3 次。为增加黏着力,可在 50kg 药液中加入 1.5kg 大豆浆或 100g 合成洗衣粉或适量的植物油。

(三) 薤头炭疽病

薤头炭疽病是引起薤头烂叶、死苗的主要病害之一。不少田块病苗率达 70% 以上,叶枯黄、鳞茎腐烂近 50%,给薤头生产造成了很大的威胁。除危害薤头外,还危害洋葱、大葱、韭菜等葱属植物。

炭疽病病叶分级标准为:0 级——全叶无病;1 级——少量病斑或 1/4 叶枯黄;2 级——较多病斑或 1/2 叶枯黄;3 级——很多病斑或 3/4 叶枯黄;4 级——全叶枯黄。

1. 症状

薤头从 2 叶 1 心期开始到成株期都可发病,但以成株期受害较重。主要为害薤头叶片和鳞茎。初发病时叶片上出现近梭形至不规则形病斑,淡灰色至褐色,扩大后病斑表面散生许多小黑点(分生孢子盘),病斑进一步发展引起叶尖发黄枯死;鳞茎上染病,先是外层鳞片长出暗绿色或黑色不规则圆形斑点,稍凹陷,扩散后连成片,在病斑上着生很多小黑点。

2. 病原

病原是半知菌亚门炭疽菌属葱炭疽菌 *Colletotrichum circinans*,原称葱刺盘孢。分生孢子成纺锤形,为弯孢种,单孢无色,弯曲度大,分生孢子梗单孢,无色,棍棒状。分生孢子萌发的适宜温度范围为 25～30℃,pH 值为 4～8;适宜病菌生长的温度范围为 25～30℃,pH 值为 4～7。

3.传播途径

病菌可以存活于种鳞茎或土壤中的病残体上顺利越夏，成为秋季田间发病的初侵染源；也能在鳞茎部或土中病残体上越冬，成为次年春季病害流行的重要菌源。其中主要以分生孢子盘和菌丝体在土壤的病残体上越冬，到翌年，遇到适宜的气候，分生孢子盘产生分生孢子，随雨水流落到藠头鳞茎或叶上侵染发病，然后病部又产生出大量分生孢子借风雨或昆虫和施肥、灌水进行重复侵染传播。田间传播的距离近，远距离传播主要靠藠种调运。

4.发病规律

影响发病的主要因素是温湿度和栽培条件。

（1）菌源　炭疽菌是一类再侵染频繁发生的病害，由于其田间传播的距离近，土中和藠种上的带菌量对于病害的发生有重要影响。

（2）温湿度　一般气温在 10～30℃ 发病，当气温高于 32℃ 以上，湿度低于 50% 时，发病较轻或不发病。藠头在 10 月间 2 叶 1 心时开始发病，10 月下旬至 12 月中旬温湿度适宜时发病较重。次年春天气温 13～25℃，相对湿度 80% 以上，阴雨多的条件下，尤其是在暴雨、受淹或田间积水后，病害大发生。

（3）栽培条件　地势低洼，排水不良，耕作粗放，栽种过密或氮肥过多，重茬地发病严重。如遇天气闷热，时晴时雨容易诱发急性炭疽病。

5.防治方法

炭疽病是一种比较容易防治的病害，在防治上主要是要把好藠种关和适时进行药剂防治。

（1）轮作　一般 3 年 1 次轮作，最好水旱轮作，或与大豆、绿豆、花生、芝麻等作物轮作，可以减轻发病。

（2）土壤消毒　清除土壤中的病残体并每亩用生石灰 150～200kg 撒施。也可在藠头刚种下去时，结合浇定根水，采用 50% 福·福锌可湿性粉剂（炭疽福美）浇足水。

（3）藠种消毒　在无病田留藠种，栽前精选种茎、剔除病茎，进行种茎消毒处理，可选用 98% 噁霉灵（绿亨一号）3000 倍液或 50% 福·福锌可湿性粉剂（炭疽福美）500 倍液浸种 3～5min，捞出晾干即可种植，能有效地减少种茎带菌，起到控制初侵染源的作用。

（4）栽培措施　合理密植，高畦栽培，不偏施氮肥，增施磷、钾肥。

（5）田间防治　在藠头大田发病初期可交替施下列药剂：50% 代森锰锌可湿性粉剂、50% 甲基硫菌灵可湿性粉剂、80% 福·福锌可湿性粉剂（炭疽福美）500 倍液，75% 百菌清 600 倍液等，10d 1 次，连续 2 次。治疗用碘制剂三氯异氰尿酸（菌立停）1000 倍液喷雾或灌蔸，也可用 80% 代森锰锌可湿性粉剂（大生）600 倍液或 10% 苯醚甲环唑水分散颗粒剂（世高）1000～1500 倍液喷雾。特别注意开春时应适当喷药保护，以控制病害蔓延为害。

（四）薤头疫病

薤头疫病在多雨年份或土质黏重的地区发生较重，可造成薤头坏死腐烂，在一定程度上影响薤头生产。

1. 症状

主要为害叶片、假茎和鳞茎，发病初期在叶尖或叶片中部出现边缘不明显的暗绿色水浸状病斑，湿度大时病斑扩展很快，叶片变黄下垂软腐，之后半个叶片至整个叶片枯死；假茎受害后呈浅褐色软腐，叶鞘易脱落；鳞茎染病时，根盘呈水浸状，后变褐腐烂，难发新根。

病情调查分级标准为：0级——不发病；1级——1/3以下叶发病；2级——1/3～1/2叶发病；3级——1/2～2/3叶发病；4级——2/3以上叶发病。

2. 病原

病原属鞭毛菌亚门的疫霉属 *Phytophthora*。

3. 发病规律

在南方温暖地区，病菌以菌丝体和厚垣孢子、卵孢子随病残体在土壤中、土杂肥或在薤种上越冬，田间条件适宜时产生分生孢子借助风雨传播蔓延。高温高湿易发病，病菌适宜温度为25～32℃。连作地块，土质黏重，地势低洼，田间积水，施用未腐熟的有机肥，种植密度过大、田间郁闭、阴雨连绵、管理粗放、水肥不足、偏施氮肥等会导致抗病能力下降，发病重。

4. 防治方法

（1）坚持轮作　收获后及时清除田间病残体，减少田间菌源，必要时深翻土壤。重病地块实行与非葱蒜类蔬菜2年以上轮作。

（2）采用小垄和高畦栽培　选择疏松、肥沃、通透性的土壤，采用高畦（厢）或高垄栽培，合理密植，科学配方施肥，雨后及时排水避免田间积水，以增强薤头的抗病力。

（3）注意种苗和土壤消毒　用50％多菌灵拌种苗和用600倍80％敌磺钠进行土壤消毒。

（4）发病初期及时进行喷药防治　可选喷72％霜脲·锰锌可湿性粉剂600～800倍液，69％烯酰·锰锌可湿性粉剂600～800倍液，70％乙铝·锰锌可湿性粉剂500倍液，58％甲霜·锰锌可湿性粉剂500倍液，64％噁霜·锰锌可湿性粉剂（杀毒矾）500倍液，40％三乙膦酸铝可湿性粉剂250倍液等，每7～10d喷1次，连喷2～3次，交替喷施。除喷雾施药外，也可在栽植时用药液蘸根或雨季初期用药液灌根。

（5）加强施肥管理，增强抗病能力　增施有机肥，生物菌肥和磷钾肥，不偏施氮肥，追肥要以施硫酸钾复合肥（氮磷钾 15-15-15）为主，能明显提高抗病能力，减轻疫病的发生和为害。

（五）藠头叶枯病

叶枯病为藠头常见病，分布较广，种植地区都发生。通常病情较轻，病株率为 10%～30%，轻度影响产量和品质。重病地块病株可达 60% 以上，致上部叶片枯死，显著影响藠头的生产。

1.症状

此病主要侵害叶片和花梗。叶片染病，多从叶尖开始侵染，以后向下发展。初期出现浅黄色至灰白色小点，以后扩展成不规则至椭圆形灰褐色至灰白色坏死病斑，空气潮湿，病斑上产生稀疏灰黑色霉层，即病菌的分生孢子梗和分生孢子。空气干燥时常使病叶坏死干枯。花梗染病，多形成灰白至灰褐色不规则坏死病斑，早期产生少量灰黑色霉状物，后期散生黑色小粒点，即病菌的子囊壳，常从病部断折。

2.病原

病原属半知菌亚门匍柄霉属匍柄霉真菌 *Stemphylium botryosum*。

3.发病规律

病菌主要以子囊壳随病残体遗落在土中越冬。条件适宜时散发子囊孢子形成初侵染源。温暖潮湿，昼夜温差大，植株生长衰弱有利于病害发生与发展。

4.防治方法

① 收获后彻底清除病残体枯死叶片，减少初侵染源。

② 增施有机底肥，加强管理，避免缺肥，注意防治其它病害。

③ 发病初期进行药剂防治。可选用 50% 异菌脲可湿性粉剂 1500 倍液，或 10% 苯醚甲环唑水分散粒剂（世高）8000 倍液，或 40% 氟硅唑乳油 8000 倍液，或 50% 多菌灵可湿性粉剂 500 倍液，或 80% 代森锰锌可湿性粉剂（大生）600 倍液喷雾，根据病情防治 1～2 次。

（六）藠头根腐病

根腐病为藠头的常见病，发生较普遍。黏重低洼地和多年重茬地发病严重，该病的发生极大地降低了藠头的产量和品质。

1.症状

根腐病主要危害藠头根部，又称烂根病、烂蔸病。受害须根和根茎部初呈淡褐色水渍状，后变褐腐烂。由于根部不能吸收水分和养分，致使叶片从叶尖向下逐渐枯黄，发病严重时整个叶片枯黄。然后鳞茎开始变褐色或黑色，后腐烂坏死，病株很容易拔起，散发出一股臭味，造成地上部分成片枯死。轻者减产 10%～30%，重者减产 50%～80%，降低了薤头的产量和品质。

2. 病原

根腐病菌属半知菌亚门尖胞镰刀菌 *Fusarium oxysporum*。病菌的分生孢子有大、小型；小型分生孢子单胞，卵圆形，平直或略弯；大型分生孢子梭形，有 2～3 个隔膜，两端稍尖。厚垣孢子球形，顶生或间生，此菌腐生性很强，能在土壤或病株残体上存活多年，生长发育适温为 24～33℃。

3. 发病规律

病菌能在土壤中存活多年，而且还能在病残体和带菌的薤种上越冬越夏，成为翌年薤头发病初侵染来源。到来年气温适宜（24～33℃）时通过施肥、灌水、雨水和农具传播，经伤口侵入。连作 3～5 年的土壤中，积累了大量病菌，会加重病害发生。薤头在 4～5 月温度为 20～30℃，雨水多、田间湿度大时，易发病。地势低洼、排水不良、田间积水，将加重病害发生；施过量氮肥，少施或不施有机肥的田块，薤头的抗病性降低，发病较重。刺足根螨、根结线虫为害的田块，薤头根部产生大量伤口，有利于根腐病菌的侵入，加重根腐病发生。

4. 防治方法

采用农业防治为主，适时喷药的综合防治方法。

（1）建立无病留种田　选用未种植薤头的田块，种植无病薤头鳞茎，在无病田间选用无病健壮薤头鳞茎留种，减少病害初侵染源。

（2）选用抗病品种　选用抗病、优质丰产、抗逆性强的当年收获的个大、根多，根部无病虫、无损伤、无霉烂的鳞茎作种子。

（3）减少菌源

① 土壤消毒杀菌　每亩施生石灰 50～80kg。也可用 50%多菌灵可湿性粉剂或50%福美双可湿性粉剂拌细土，均匀撒施于种植沟内，进行土壤消毒灭菌。

② 高温闷土杀菌　发病田块薤头收获后，彻底清除病株残体，集中烧毁，夏季高温季节，翻耕晒土，7～10d 翻晒一次，共进行 3 次，可减少菌源，也可薤头收完即翻耕，然后用农膜覆盖，在高温时暴晒 10d 左右，使土温达 60℃以上时可杀灭土壤中的病原菌和一些地下害虫。

（4）合理轮作　轮作是防治薤头根腐病行之有效的方法。发病田间地块不能与百合科蔬菜等作物连作，实行水旱轮作或与其它旱作物轮作 2～3 年。薤头与花生、大豆和甘薯轮作，可减少菌源，减轻发病。与水稻等作物进行水旱轮作，防病效果更佳。自丘陵坡地以下种起，逐年向上轮作；切忌从上而下，否则坡下地易受病菌侵染。

（5）配方施肥　提倡增施有机肥，用腐熟农家肥、枯饼、生物有机肥每亩 1t

左右及草木灰每亩 30～50kg 加 45％的复合肥拌均匀后，开沟施入土壤中，土肥混匀后，再种植薤头鳞茎；不能施用过量氮肥，少施可减轻发病。薤头幼苗在越冬前喷 1 次叶面肥（如叶面宝），春季茎叶生长期再喷 1 次叶面肥，5～7 天喷 1 次，共喷 2～3 次。促进茎叶生长健壮，增强抗病性，减轻发病。

（6）加强田间管理　薤头采用高畦或高垄栽培，生育期间，一定要做好开沟排水，避免田间渍水，降低田间湿度，及时中耕除草。鳞茎膨大期，结合中耕适当培土，促进根系生长发育，提高抗病性，减轻发病。

（7）药剂防治　种茎消毒，可用 98％噁霉灵 3000 倍液浸薤头种茎 3～5min，捞起晾干即可种植。发病初期用 70％代森锰锌可湿性粉剂 800 倍液，或 80％代森锰锌可湿性粉剂（大生 M-45）1000 倍液兑水灌根防治。也可以用碘制剂三氯异氰尿酸（菌立停）1500 倍液浇兜。每隔 10d 左右 1 次，连防 2～3 次。如发病较严重可适当加大药剂浓度。如有刺足根螨、根结线虫为害，要用 40％辛硫磷或 15％哒螨灵乳油 500～1000 倍液灌兜，及时防治地下害虫，避免造成伤口引起发病。注意发病中心一定要浇足药水才能达到防治的目的。

（七）薤头软腐病

薤头软腐病又称基腐病，是影响薤头生产最重要的病害之一。

1. 症状

软腐病主要危害叶片和鳞茎。田间薤头一旦发病，病势发展迅速，软腐下垂，第 4 天植株倒伏腐烂，常在短期内造成薤头成片倒伏死亡，引起薤头鳞茎腐烂，损失很大，此外，软腐菌还可引起鳞茎贮存期的腐烂。

病情调查分级标准为：0 级——无病；1 级——基部叶鞘出现水渍状斑；2 级——基部叶片软腐下垂；3 级——基部第二叶软腐下垂；4 级——基部第三叶软腐下垂；5 级——全株软腐死亡。

2. 病原

软腐病由胡萝卜软腐欧氏杆菌胡萝卜致病变种（*Erwinia carotovora* subsp. *carotovora*）引起，属细菌。

3. 发病规律

带菌的病残体、土壤以及种用鳞茎是大田软腐病发生的主要初侵染源，薤头软腐病菌能通过伤口侵染而不能由其它途径（包括自然孔口）侵染。只要有伤口存在，病菌可以由薤头植株的各个部位侵入，造成叶片、叶鞘及鳞茎腐烂，最后导致全株倒伏死亡。软腐病在 10～40℃ 范围内均可发生，以 22～36℃ 为宜，10℃ 以下或 40℃ 以上不发病。因此，湿度大、重茬地块、地势低洼地、害虫严重的地容易发病。病残体、土壤、未腐熟的肥料及有害昆虫等都是软腐病的病菌来源，病菌通过灌溉、田间管理、昆虫、风、雨等进行传播。

4. 防治方法

（1）选用抗病品种，进行薤种消毒　选育抗病性强的品种，在播种前精选种茎，选取个大、饱满、无病无伤口的鳞茎作薤种。另外防治薤头软腐病应采用药液浸种消毒，对减少种茎传病很有作用，可用薤种质量 0.25％ 的 95％ 敌磺钠原粉拌种，或 72％ 农用硫酸链霉素 500 倍液浸种，或用药剂 100g 兑水 5kg，拌种 50～75kg，拌匀晾干后播种，对软腐病防效较好。

（2）选择适宜的地块，合理轮作、套种　种植时实行轮作，避免连作，也要注意避免和病菌其它寄主作物轮作接茬，对控制大田软腐病发生非常有效。一般选前茬为非葱蒜类和非十字花科蔬菜地块，并应选择地势平坦、排灌方便、土壤有机质丰富、保肥水能力强的壤土种植。整地时应深耕晒垡、耙平，做到上松下实。若条件允许薤头种植田可与水稻、玉米轮作 3 年以上，以恶化病菌生存环境，减少菌源基数。

（3）合理施肥　多施有机肥，重施磷、钾肥，合理施用氮肥，实行平衡施肥，促进植株健壮生长，提高植株抗病能力。注意种植前施充分腐熟的有机肥，以增加土壤透气性和贮存养分的能力。

（4）清除田间病残体，进行土壤消毒　对多年发病严重的地块，可撒施生石灰、敌磺钠。生石灰每亩用量为 25～40kg，敌磺钠用量为 0.5～1kg 每亩。

（5）及时防治虫害，避免伤口　及时防治蓟马、斑潜蝇、菜青虫等，切断软腐病传染源，减少害虫携带病菌传播蔓延。另外薤头软腐病菌是弱寄生菌，只能通过伤口侵入寄主各个部位引起病害。因此在田间管理及收掘种茎时应尽量避免造成伤口，及时防治地老虎等害虫，特别是暴风雨后立即施药防病，能有效地控制软腐病在田间扩大危害。

（6）药剂防治　目前，药剂防治在控制病害发展上仍占重要地位。在发病初期使用 30％ 琥胶肥酸铜胶悬剂 300～500 倍液、24％ 农用链霉素 1000 倍液、25％ 叶枯唑 600～800 倍液等喷雾防治能明显控制病情发展。用 50％ 的琥胶肥酸铜可湿性粉剂 500 倍液，或 77％ 氢氧化铜可湿性粉剂 500 倍液，或 72％ 农用硫酸链霉素可湿性粉剂 4000 倍液，或 75％ 敌磺钠可溶性粉剂 500 倍液，随水灌兜或淋浇。视病情隔 7～10d 施药 1 次，共防治 2～3 次，可有效控制危害。

（八）薤头腐败病

1. 症状

该病主要为害薤头地下部分，鳞茎、根部发病，呈褐腐水渍状，软腐；也可为害地上茎叶，叶片发病多从基部先发病，淡褐色水渍状，萎蔫腐败。一般近地面的茎基部和地下鳞茎首先发病。发病初期，植株叶片萎垂、反卷，叶尖和叶缘变黄，植株稍微矮缩，后变黄褐。茎基部和鳞茎病斑初为淡黄色水渍状，接着变为浅褐色，出现黑色云纹状斑块，略凹陷，从根外向内腐烂，病组织逐渐变软，呈暗灰色至铅黑色水浸状软腐，由下向上扩展，造成全株腐烂，散出腐败酸臭味，有时病部可见稠密的褐色菌丝。发病轻的生长缓慢，叶丛萎蔫，严重的鳞茎溃烂，叶丛干枯或死亡。同时，地面薤苗呈现间紫色，以后渐变黄褐，内部腐烂。最后茎叶枯死，倒伏，极易拔起。种用鳞茎储藏期湿度大时也会发生该病。

2. 病原

病原菌为假单胞菌属边缘假单胞杆菌，学名 *Pseudomonas marginalis*，属细菌。

3. 发病规律

带病菌的种薤、土壤及病残体成为田间发病的初侵染源，病菌借农事操作、雨水、灌溉水传播。主要从根部伤口或其他损伤处侵入。播种后 10 月下旬开始发病，11 月中旬～12 月上旬进入第一次发病盛期。越冬后 3 月下旬～4 月下旬进入第二次发病盛期。该病发生情况与薤头生育状况、刺足根螨及蝇蛆类害虫的发生情况、环境条件关系密切，特别是刺足根螨、蝇蛆不仅起到传播作用，而且造成的伤口非常有利于病菌侵入。3～4 月雨多、土壤水分过大，10～11 月雨少、土壤过干，都易诱发该病。低洼地块，春季土壤温度低，根系生长缓慢或停滞或损伤，易导致植株发病。影响发病的气象因子是温度和湿度，其中湿度更为重要。在温度 28℃以上、相对湿度 85％以上的高温多雨条件下发病迅速，严重高温干旱会抑制病害发生。此外，酸性土壤、幼苗不壮、多年连作、中耕伤根、低洼积水或控水过重、干湿不均可加重病害发生。

4. 防治方法

① 选择无病区或无病田留种，播种时增施农家肥、钾肥、磷肥等，薤种拌施 72％农用硫酸链霉素可溶性粉剂，改进耕作栽培方法，改善栽培环境，选择土壤肥沃、轮作时间长的平地或地下水位低的田块，避免重茬。

② 防治腐败病要从注意选择地块、防治刺足根螨等害虫、减少伤口入手，加强田间管理，及时深耕及中耕培土除草，雨后及时排除积水，防止湿度太大，干旱严重时要及时灌水，可大大减轻腐败病。发现病株及时拔出，彻底清除病株残体，并在病株栽植穴及四周撒生石灰消毒。加强肥水管理，采用配方施肥技术，施用充分腐熟的有机肥或草木灰"5406"3 号菌 500 倍液，可改变微生物群落。还可每亩施石灰 50～80kg，调节土壤 pH 值。

③ 发病初期将重病株拔除并配合药剂防治，可选用 47％春雷·王铜可湿性粉剂（加瑞农）600～800 倍液，或 77％氢氧化铜可湿性粉剂 600 倍液，或 30％络氨铜水剂 500 倍液，或 25％叶枯唑可湿性粉剂 600 倍液，或 72％农用硫酸链霉素可溶性粉剂 4000 倍液，或新植霉素 5000 倍液喷洒灌根，每株灌根 0.3～0.5L，8～10d 灌 1 次，连灌 2～3 次。

有研究认为薤头腐败病是薤头鳞茎多种腐烂病的总称，由多种真菌和细菌分别或混合侵染造成，虽各有其特征，但常因多种症状混生，很难区分。根据万怡华等研究，线虫病、根腐病、软腐病和腐败病等危害均可引起薤头"烂兜"，刺足根螨猖獗危害也出现大面积"发瘟"现象，导致薤头成片、成块枯萎死亡。究竟是真菌、细菌、线虫还是根螨，是单独还是复合侵染，需要根据具体情况进行田间调查和室内鉴定，以便在生产上指导预防和用药。

（九）薤头病毒病

薤头病毒病又名花叶病。病毒一旦侵入植株体内，不但对当代有影响，而且鳞茎母体带毒后便以垂直传染方式传递给后代，导致品种退化。此外，田间还有许多传毒媒介，如蚜虫、蓟马、线虫及螨等，又可将病株中的病毒传给健康的植株，因此，病毒传染率不断扩大，导致薤头减产。

1. 症状

薤头病毒病是由多种病毒单独或复合侵染引起的，其症状不完全相同，感染病毒的薤头全株受害。病株矮小（缩），叶片皱缩、扭曲，有的叶片尤其心叶显现黄绿色相间或黄色斑纹，表现为花叶状或褪绿黄化状；地下鳞茎细小，根系发育不良，分蘖减少，致使薤头产量和品质大幅度降低。

2. 病原

病原为病毒。毒源种类、株系较多，陈炯等利用检测马铃薯 Y 病毒属（*Potyvirus*）和香石竹潜隐病毒属（*Carlavirus*）病毒的简并引物发现薤头受到两种病毒侵染，分别命名为薤头花叶病毒（ScaMV）和薤头 X 病毒（ScaVX）。2004年，据吴宝荣等研究，薤头主要由洋葱黄矮病毒（OYDV）、大葱花叶病毒（GMV）、黄瓜花叶病毒（CMV）和烟草花叶病毒（TMV）等单独或复合侵染而致病。2009 年，吴承春研究表明，薤头存在至少 4 种病毒复合侵染现象。

3. 发病规律

病毒可经由种薤（鳞茎）带毒继代传播，田间通过汁液或介体昆虫（主要是蚜虫）传毒，土壤不传播病毒病。

秋天温度 15～20℃，干旱少雨的气候条件，有利于蚜虫的繁殖和迁飞，发病较重。薤田杂草丛生，土壤肥力差，排水不良，管理粗放，连作或前茬为大蒜、葱等的地块，发病也较重。因偏施氮肥叶子长势好而嫩绿也容易引诱带病毒的蚜虫危害。

4. 防治方法

薤头病毒病种类多，发生流行条件复杂，应采取以栽培抗病、耐病品种为基础，选用无毒或低毒薤种为关键，及时防治蚜虫并辅以农业防治的综合防治措施。

（1）控制毒源　利用无病薤种，使田间没有毒源是有效和最积极的措施。一般选用健壮无病虫的薤头留种，有条件可进行薤头脱毒快繁技术育种或因地制宜选抗病、耐病品种。同时应将田间杂草铲除干净，并将杂草用于沤肥，以减少毒源，这是减少病毒病发生的关键。

（2）栽培防病　深耕晒垡，施足基肥，避免偏施氮肥，增施磷钾肥，合理密植，适时追肥，及时中耕，高垄栽培，抗旱防渍，促进根系发育，培育壮苗。田间劳作要防止汁液摩擦传染，及时发现和拔除病株，并撒施石灰，钝化病毒，减轻发病。种植地2~3年轮作一次，大蒜、葱、韭菜等百合科不宜混种和邻种。

（3）治蚜防毒　防治传毒介体蚜虫或切断毒源是防控薤头病毒病的关键措施。蚜虫传毒，会导致田间薤苗带毒，加之蚜虫繁殖速度快，往往会使病害发展严重。因此，治蚜防毒应早治、连续治，采取避蚜、诱蚜和杀蚜等措施抑制蚜虫传毒危害。注意根据产地气候，掌握蚜虫迁飞规律，发现蚜虫及早喷药，应选用高效对口、速效、持效性加长药剂，如吡蚜酮、高含量吡虫啉、烯啶虫胺、噻虫嗪、噻嗪酮等药剂，要保证药剂量及药液量，确保防治效果。要交替用药，一般同一种药最多只能用2次，以延缓抗药性的产生。

（4）药剂防治　在薤头病毒病初发期喷洒40%烯·羟·吗啉胍（克毒宝）1000~1500倍液，或1.5%植病灵乳剂1000倍液，或0.5%菇类蛋白多糖（抗毒剂1号）水剂250~300倍液，或20%吗啉胍·乙铜（病毒A）可湿性粉剂500倍等，隔10d左右1次，连续防治3~4次。也可用对口的药液灌根，每株灌50~100mL，隔10~15d一次共灌2~3次，如喷淋与灌根结合效果更好。

在操作中，治蚜虫时可同时混入杀病毒剂，再加入适量的叶面肥如0.136%赤·吲乙·芸苔可湿性粉剂（碧护），促进植株分蘖与生长，提高抵抗力；有效阻止病毒复制与扩散，从而起到钝化病毒、控制病害恶化作用，减轻发病。

（十）薤头线虫病

线虫对薤头为害可引起线虫病，造成一定的损失。

1. 症状

薤头线虫病又称根结线虫病、根瘤线虫病。根结线虫寄生在薤头根部，并在根部繁殖和生活，导致根膨肿，形成瘤状根结，使植株的肥水供应受阻，植株生长缓慢、矮小，叶变黄渐枯，正在膨大的薤头慢慢萎缩，根部慢慢死去后腐烂，地上叶枯黄而死，类似"枯萎病"。线虫的危害不仅是吸取薤头养分，还可使薤头根失去吸收养分和水分的能力，另外还能传播诱发多种土传病害并引发其它病害引起减产和品质下降，严重的造成绝收。

2. 病原

薤头线虫病害病原为垫刃目，异皮科，根结线虫属（*Meloidogyne*）植物寄生线虫。根结线虫在田间可发生数代，能在土壤中存活多年。

3. 发病规律

虫体有多种传播途径，如土壤、薤种根、粪肥、流水以及人畜的携带。主要靠病田土壤传播，也可通过农事操作、水流、粪肥、自身移动等传播，野生寄主也能传播；调运带病薤头种引起远距离传播。

在气温 15～20℃，湿度适宜（土壤含水量为 70%）时，特别是时晴时雨天气更易传播。另外沙土、沙壤土，透气性好、质地疏松及瘠薄土壤发病重；低洼、黏性及透气性差的土壤发病轻；连作较轮作和新栽薤头区发病重。线虫为害薤头根部造成伤口，其它病菌从伤口侵入感染而导致薤头发病。

4. 防治方法

该病首先要选用无病薤种、无病基地，在此基础上加强农业防治，适时施用药剂防治。

（1）清理田园，减少病菌来源　病地薤头收获时要深挖细收，做到病根、病薤头不遗留于土壤中，也不带出田外，同时将杂草（小根蒜）寄主连根拔出，这些病残体就地晒干，集中烧毁。另外，不用病残体沤肥、喂牲畜，以防根结线虫混入粪肥，传播危害。

（2）合理轮作　禾本科作物不是根结线虫的寄主作物，可与之轮作，水旱轮作或与其它旱作物轮作，但不能与百合科葱蒜类作物轮作，此方法能显著减少土壤内的虫口密度。

（3）土壤处理　土壤消毒杀虫。每亩施生石灰 100～150kg，或播前用阿维菌素或甲氨基阿维菌素苯甲酸盐喷浇处理土壤或定植穴。

高温闷土杀虫。薤头收完即翻耕，再用农膜覆盖，在高温时暴晒 10d 左右，使土温高达 60℃以上可杀灭土壤中的线虫和一些地下害虫。

（4）加强田间管理　深翻改土，合理施肥，增施有机肥，防涝抗旱，精细耕作，均能减轻根结线虫病的危害。

（5）药剂防治　早期发现及时防治，药物要轮换使用，可用 1.8% 阿维菌素乳油 2000～3000 倍液、50% 辛硫磷 1000 倍等灌根，每丛灌 100～200mL，间隔期为 7d，连续 3 次。用药时最好混合防立枯病的药噁霉灵（绿亨一号）一起浇蔸。注意发病时一定要浇足药水才能达到防治目的。

（6）生物防治　应用淡紫拟青霉和厚垣孢子轮枝菌能明显起到降低线虫群体和消灭其卵的作用。

第二节　薤头主要生理性病害及其防治

由不适宜的环境条件如温度不适（高温、低温）、水分失调（干旱、冰冻、水渍）、光照不足、氧供应不足、营养条件不适宜、环境污染、农药施用不当等引起的薤头病害，为薤头生理性病害或非侵染性病害。常见的有渍害、旱害、冻害、肥害、药害、污染病害和连作病害以及青薤头等。

（一）渍害

1. 症状

渍害是指长期阴雨，薤田排水不畅，使土壤长期处于水分过饱和状态而导致作物受害的现象。常常在春夏多雨时段薤头地遭受淹浸，土壤积水，供氧不足，薤头根系浅细，呼吸作用受到抑制而引起生理障碍。一般在雨后初晴表现薤叶萎蔫，下部叶片黄化、垂落，根系变褐、变黑等症状，低洼处受害严重，症状明显；薤头成熟期受淹常自薤心开始呈水渍状腐烂，而后烂根、烂心，失去商品价值。

2. 防治方法

① 选择地势高燥爽水、排灌方便的沙地或沙性壤地种植；按 1.8～2m 宽分畦作厢（含 30～40cm 宽厢沟）。播前根据地块大小和宽窄开好围沟、"十"字沟或"井"字沟，做到沟沟相连，逐级加深，排灌自如。

② 雨季或雨后及时清沟沥水，确保雨住田干。

③ 加强栽培管理，促使受渍薤头尽快恢复生长。

a. 追肥和喷施叶面肥　根据受渍薤头生长情况，及时中耕除草，并早施适量速效氮肥和喷施叶面肥，可促进薤头快速恢复生长。

b. 防治病虫害　受渍薤头恢复生长过程中，抵抗病虫能力较弱，灾后及时调查病虫情况，严格掌握标准，及时采取有效防治措施，确保防治效果。

（二）旱害

1. 症状

土壤干旱，有效水分总含量不能弥补植物蒸腾所丧失的水分或低于植物正常生长发育所需水分，导致植物光合作用降低、呼吸作用增强和原生质脱水等，植株生长发育受阻，引起萎蔫直至死亡。薤头旱害主要指薤头栽种后遇到持续的干旱，主要是晚秋干旱造成薤头出苗不齐，叶色淡绿披散，严重时萎蔫发黄，影响分蘖和鳞茎膨大，致使产量和品质下降。

2. 防治方法

（1）改良土壤条件

① 进行深耕，使根系充分扩展，增强吸收水分的能力。

② 增施有机肥，提高土壤有机质含量而提高土壤保水能力。

③ 施用钾肥而少施氮肥，钾肥有利于薤头抗旱性提高，而氮肥过多，叶片嫩绿蒸发水分多，不利于抗旱。

（2）抑制水分蒸发　栽种薤头后，在土壤表面覆盖物体，不仅能抑制土壤水分蒸发，减少雨水流失，还能增加土壤中的渗透量，提高耐寒性。有机质对土壤的团粒结构形成也很有作用，并能增加土壤的保水能力。流失水分的减少和团粒结构的构成，可防止土壤侵蚀，保护土壤。可以用堆肥或稻草、秸秆、杂草等有机物进行覆盖。但要注意不宜过厚，要保持土壤的透气性。

（3）实施有机化栽培　化学农业使土壤极端酸化，破坏微生物和益虫的生存环境。其结果是导致植株脆弱，抵抗力低下。有机化栽培可以使土壤更肥沃，植株的抵抗力更强，对旱害和低温的抗性也更强。

（4）干旱缓解　薤头遭受旱灾后，最直接最有效的缓解方法是立即沟灌或滴灌。在经济发达的地区，可用人工降雨的手段缓解干旱。

（三）冻害

1. 症状

生长期间遇连续-5～-3℃低温，或突然降温，植株都会发生冻害，低温主要导致植物细胞间隙和细胞内的水结成冰，引起细胞死亡。例如 2008 年元月我国南方持续雨雪冰冻天气，薤头发生不同程度的冻害，损失达 30％。受害轻的叶尖发白干枯，受害重的叶片像水烫过一样呈水渍状、半透明，下垂摊倒在地。田间常均匀分布，没有中心病株。

2. 防治方法

（1）预防措施

① 合理配方施用氮、磷、钾肥，促进根系发育，增强抗寒力。

② 中耕培土，疏松土壤，提高地温。

③ 遇到突发阴雨冰冻灾害天气可临时用稻草、树叶、谷壳、草木灰覆盖。

④ 入冬前喷施 0.01％芸苔素内酯乳油 6000～8000 倍液，可以有效提高薤头耐寒能力。

（2）灾后补救措施　抓好晴好天气采取下列措施：

① 增施有机肥和喷施叶面肥。有机肥可以增加地温和有机质，提高植物抗寒能力。在低温逆境下，根系吸收能力差，叶面喷肥，可补充因根系吸收营养不足而造成的缺素症。也可喷施植物抗寒剂、低温保护剂、防冻剂等，可有效预防低温冻害。注意，低温季节不宜使用生长素类生长调节剂，以防降低抗寒性。

② 搞好防病灭虫。

③ 搞好清沟排水防渍。

（四）肥害

1. 症状

一般指因施肥方法不当或施肥过量，超过植物耐受浓度时，而引起薤苗灼伤、坏死、畸形或僵苗不发等生理毒害现象。

（1）油顶 因施用未腐熟的人畜肥或施肥浓度过高、不匀而引起的薤头生理性病害。主要表现为植株僵苗不发、暗绿、筒叶皱缩，分株少或不分株，生长点或新叶叶尖坏死；根系不发达，新根发生少，根尖有接触性黄色坏死点或腐蚀伤害。

（2）腐烂 在下雨或露水未干时追施的尿素等颗粒状商品肥不匀，使局部浓度过高，尿素分解而引起薤头基部假茎受害腐烂或苗叶灼伤后坏死的现象。

（3）灼伤 因追施碳酸氢铵、氯化钾等速效商品肥局部浓度过高而引起的地上部薤苗灼伤或坏死现象。初期表现有水渍状烫伤或萎蔫，继而发展成坏死斑点，最后变褐变黄枯死。此类生理性病害具有明显的点片性。钾肥伤害斑点较小，褐白色，病健组织界限分明；碳酸氢铵伤害斑点较大，褐黄色，病健组织界限模糊。

2. 防治方法

① 正确施肥，掌握适宜的施肥量 坚持施用充分腐熟的有机肥，忌用受污染的垃圾肥；选用含硫专用复合（混）肥，忌用含氯化肥；有机肥与复合（混）肥宜结合整地全层施入，磷肥宜植薤时近根施用；尿素、碳酸氢铵、硫酸钾等作追肥时宜早，一般在冬前或次年2月底以前薤苗尚未封行前少量多次兑水浇施或抢在大雨前撒施于行间；后期叶面追肥宜单独进行，忌与农药混用，以免造成意外损害。

② 及时发现，加强管理，减轻受害。

（五）药害

1. 症状

药害指在使用农药过程中，因选用农药品种不当、施用时期不宜或使用浓度过大以及几种农药混用不当时，而引起的薤头叶片灼伤斑点、僵苗、畸形发育不良甚至死苗的现象。

（1）除草剂危害 常表现为薤叶凋萎，下部叶片黄化，新叶畸形或不能抽生，根系由鳞茎基部至根尖逐渐脱水萎缩，新根抽生困难。

（2）油剂类农药药害 常在使用浓度过高时发生，表现为薤叶失绿，呈现哑绿或锈褐色，叶上被覆一层油膜状物，僵苗、新叶抽生困难，新叶长度短于老叶，根系基本不受影响。

（3）铜制剂类农药药害 铜制剂类农药本身对薤头无害，但在与碱性药剂或活性金属产品混配时，常发生化学反应生成新的有害物质伤害薤头，常在几小时内出现点、片状灼伤斑点，严重时状若火燎般枯叶，晴朗高温天气症状表现快而明显。

2. 防治方法

（1）药害的预防 采取如下综合措施，可避免药害的发生。

① 选用对口农药 防治薤头病、虫、草害时，正确选用正规大型农药生产企业生产、三证齐全、标签标识完整的、在保质期内未变质、防治对象对口的药剂。

② 坚持先试验后推广应用的原则　对新药或没有使用过的农药，要先进行小范围内药效试验，取得经验后再大面积推广使用。因为各地的气候条件、土壤质地、耕作状况、作物品种等不同，将会影响到农药的使用量，尤其是除草剂，南方和北方的用药量相差很大，必须掌握应用技术后再推广应用。

③ 严格掌握农药使用技术　防止药害的发生，关键在于科学、正确掌握农药使用方法，要注意浓度适当忌过大，注意混用的禁忌，注意随配随用，注意施药质量。并掌握好施药时期，避免藠头敏感期和炎热中午、大风时施药。在操作过程中，正确掌握施药技术，严格按规定浓度、配药方法，做到科学合理混用；各类农药分门别类存放，特别是除草剂与农药分开存放，防止误拿误用；不太了解的农药要单独使用，忌盲目混用；同时避免单一农药连续多次使用。

④ 做好必要的避害措施　如彻底清洗喷雾器，不要随意倾倒剩余的药剂等。常见有使用喷过除草剂后未清洗干净的喷雾器喷施杀虫、杀菌剂，造成藠头药害，出现成片枯心死苗失收现象。

（2）解除药害的措施　使用农药不慎发生药害，如不及时采取措施补救，将会给生产上造成很大损失，有时甚至是毁灭性的。可采取相应的方法进行处理，以减轻药害的损失。

① 喷水淋洗　如果喷错药剂，或叶面和植株喷洒后引起药害，且发现及时，可迅速用大量清水喷洒受害叶面，反复喷洒 2~3 次，并增施磷钾肥，中耕松土，促进根系发育，以增强作物恢复能力。

② 施肥补救　对有叶面药斑、叶尖枯焦或植株黄化以及生长势弱等症状的药害，及时灌跑马水，补追氮、磷、钾或稀薄人粪尿和喷施叶面肥，促进植株恢复生长，减轻药害程度。如药害为酸性农药造成的，可撒施一些石灰或草木灰。对碱性农药引起的药害，可增施硫酸铵等酸性肥料。无论何种药害，叶面可喷施腐殖酸钠、天然芸苔素、植物动力 2003 等叶面肥，最简单的方法是叶面喷施 0.1%~0.3%磷酸二氢钾溶液，或用 0.3%尿素液加 0.2%磷酸二氢钾液混喷，每隔 5~7d 一次，连喷 2~3 次，均可显著降低药害造成的损失。

③ 加强培育管理　对发生药害藠头的培育管理重点有三：一是适量除去受害已枯的叶片，防止枯死部分蔓延或受到感染；二是中耕松土，深度 10~15cm，改善土壤的通透性，促进根系发育，增强根系吸收水肥的能力；三是搞好病虫害防治。

总之，藠头产生药害之后，要根据农药种类和藠头受害程度，采取综合性补救措施，才能更有效地减少危害，但要避免采取加重药害的措施。

（六）污染病害

1. 症状

工业生产、垃圾处理过程中产生多种有害物质，释放到大气层中或在排放的废水中流入土壤内，造成环境污染。废气通过叶片气孔进入植物体内，使叶片出现急性或慢性症状，表现为条点、斑驳、褪绿、褐色或黑色病斑。废水影响根系吸收，表现为植株矮化、变黄等。

2. 防治方法

① 严格按照有机、绿色和无公害产品生产的环境条件要求搞好薤田选择与建设。

② 通过科学方法诊断薤头遭受空气污染、水污染物质的伤害。

③ 应尽快采取补救措施。

a. 立即控制污染源，防止有毒气体进一步危害。

b. 施用肥料和喷施叶面肥，减轻、缓解危害程度。

c. 保持田间较干燥的环境也有利于减轻空气污染的危害。

（七）连作病害

1. 症状

薤头忌连作，也忌与其它葱属植物重茬，否则，根系发育不良，引起植株生长势衰弱；或者幼苗出土后，叶逐渐干枯；或易患病害，鳞茎亦小，降低了薤头产量和品质。

2. 病因

病因详见第三章第一节中薤头连作障碍及其防治措施的相关内容。

3. 防治方法

① 进行合理轮作套种。

② 实行秋翻深松，精细整地，改善土壤水、肥、气、热状况，增强植株抗病能力。

③ 土壤消毒，采用烧田熏土、夏季盖膜热闷等进行土壤处理，杀死土传病原菌、虫卵及杂草种子。

④ 增施有机肥，喷施叶面肥，提高薤头自身抵抗力。

⑤ 加强病虫草害综合防治。

（八）青薤头

1. 症状

青薤头是指薤头鳞茎为绿色（外皮），而不是正常的白色。其严重影响鲜食和加工薤头的外观品质，而不能被利用。

2. 病因

薤头鳞茎是由稍肥厚的叶鞘基部层层抱合而成，实际上是一种叶的变态鳞茎。

当薤头鳞茎裸露在阳光下照射，鳞茎表皮细胞内的前质体在获得光照后，发育成具基粒的正常叶绿体，呈绿色。进一步发展，鳞茎长时间获得光照变成紫红薤头，叶绿体失去叶绿素而成有色体。

3. 防治方法

种植时注意种薤摆放的深度和盖土厚度，鳞茎忌裸露在外面，同时在鳞茎分蘖期和膨大期及时培土，收获时及时处理，也要避免长时间阳光照射，以防变成青薤头或紫红薤头。

第三节 薤头主要虫害及其防治

（一）蚜虫

为害薤头的蚜虫有萝卜蚜（*Lipaphis erysimi*）、葱蚜（*Neotoxoptera formosana*）和桃蚜（*Myzus persicae*）等，属同翅目蚜科。

1. 为害症状

蚜虫危害薤头的叶片，刺吸汁液，严重时布满叶片，使叶面扭曲，植株矮小或萎蔫坏死。同时传播病毒，导致薤头种性退化。

2. 发生规律

蚜虫食性杂，在寄主间频繁迁飞转移扩散，一年发生数十代，世代重叠严重。以卵在蔬菜上越冬，温暖、干旱的气候有利于蚜虫发生，春、秋两季为害严重。蚜虫对黄色有较强的趋性，对银灰色有忌避习性。

3. 防治方法

采取避蚜、诱蚜和杀蚜一起进行的综合防治措施，抑制蚜虫危害。

（1）农业防治 基本方法是清洁田园。在秋季蚜虫迁飞前，清除田间地头的杂草、残株、落叶并烧毁，以降低虫口密度。

（2）物理防治 利用蚜虫对不同颜色光线的趋避性进行诱蚜或驱蚜。田间挂黄色板涂黏虫胶诱蚜，每亩用6~8块；利用银灰色遮阳网、防虫网覆盖栽培，在田间悬挂或覆盖银灰膜驱避蚜虫。

（3）生物防治 在田间分放人工繁育的七星瓢虫、食蚜蝇幼虫等天敌，以捕食蚜虫，减轻危害。

（4）化学防治 及早喷药，把蚜虫消灭在点、片阶段。用于喷布的农药有：10%吡虫啉可湿性粉剂1000倍液，或25%噻虫嗪（阿克泰）水分散粒剂2000倍液，或25%吡蚜酮可湿性粉剂1000倍液，或50%抗蚜威可湿性粉剂2000倍液，兑水喷雾防治，视虫情隔 7～10d 1 次，最好用不同药剂轮换喷施，以免蚜虫产生抗药性，并在喷雾前加入 0.1%～0.3%的中性洗衣粉以增强药液的展着性。

（二）韭蛆

韭蛆为韭迟眼蕈蚊的幼虫，属双翅目眼蕈蚊科迟眼蕈蚊属，学名 *Bradysia odoriphaga*。主要为害韭菜、洋葱、大葱、大蒜和薤头。

1. 为害症状

幼虫聚集在根部和鳞茎、假茎部危害，影响薤头正常生长发育，薤头表现矮化，叶子发黄、萎蔫、干枯，或致鳞茎变褐腐烂而成片死亡。

2. 形态特征

成虫蚊子状。雄成虫体长 3.3～4.8mm，雌成虫体长 4～5mm，黑褐色，前翅膜质透明，后翅退化为平衡棒。卵椭圆形，细小，乳白色。老熟幼虫体长 7～8mm，头、尾尖细，中间较粗，乳白色，发亮。蛹长椭圆形，红褐色，蛹外有表面粘有土粒的茧。

3. 生活习性

该虫年发生 4～5 代，均以不同龄期幼虫群集在根际、鳞茎或假茎内越冬，只要温度合适即可活动危害，湖南薤头产区一般 3 月上旬开始发生危害，5 月中旬达到高峰。幼虫喜食腐殖质，喜在潮湿环境中取食为害。土壤湿度适宜是卵孵化和成虫羽化的重要条件。3～4cm 土层含水量 15%～24%最适宜，过湿或过干都不利于孵化和羽化。一般中壤土比沙质土壤发生重。

4. 防治方法

（1）栽培防治　韭蛆除成虫期外均在土壤中生活，播前多次翻耕或生长期间中耕可杀死一部分危害期的虫体。水旱轮作或播前灌水，也可压低虫口数量。

（2）黏杀成虫　在成虫盛发期，用黏虫胶黏杀成虫，以每亩插黏虫板 6 块为宜，设置高度为 50～78cm。

（3）药剂防治

① 防治时期为成虫羽化盛期和幼虫危害始盛期。

② 成虫羽化期用 50%辛硫磷乳油 1000 倍液，2.5%溴氰菊酯乳油 3000 倍液或 50%灭蝇胺乳油 4000 倍液喷雾防治，施药以上午 9～10 时效果最佳。

③ 幼虫危害始盛期浇灌药液防治幼虫。选用 50%辛硫磷乳油 1000 倍液，90%敌百虫粉剂 1000 倍液，50%灭蝇胺乳油 4000 倍液喷浇，严重为害薤田的，间隔 10d 左右再灌根 1 次。

（三）葱蓟马

葱蓟马又叫烟蓟马、棉蓟马，属缨翅目蓟马科，学名 *Thrips tabaci*。主要为害葱蒜类蔬菜，且是多种植物病毒病的媒介。

1. 为害症状

葱蓟马的成虫和若虫均以锉吸式口器刺破叶面，吸食植物汁液，筒叶上形成许多的黄色或乳白色斑点，数个病斑汇合成大斑，严重时被害叶扭曲、皱缩，叶尖萎蔫、枯黄，影响叶片的光合作用，造成薤头分蘖少，鳞茎小，产量降低，品质变差。诊断时用手掌沾水在薤苗上触摸时，可见手上沾有乳白或米黄或黑褐色等不同形态的虫子。

2. 形态特征

成虫细小，长约 1.3mm，淡黄色到深褐色。前后翅均细长、透明，翅脉黄色，翅的周缘密生细长毛，形状像梳子。若虫如针尖大小，呈淡黄色，形状似成虫。蛹深褐色，形似若虫，生有翅芽。

3. 发生规律

葱蓟马 1 年可发生 10 代左右，世代重叠，以成虫、若虫在土缝里、土块下、枯枝落叶间及薤头的叶鞘处越冬。成虫活跃，善飞，怕光，晴天多隐蔽在叶荫或叶鞘缝隙内，早晚、阴天和夜间才在叶面上活动、取食。该虫发育的适温为 25℃ 左右，相对湿度条件在 60% 左右，高温、高湿对其发育均不利。多发生在 3 月以后的连晴干旱气候条件下，以 4～5 月危害最重，10～11 月危害相对较轻。一般雨水较少、田间相对湿度较低年份发生重，久雨、暴雨、潮湿的天气不利于该虫的发生和危害。

4. 防治方法

（1）农业防治　不与其它葱蒜类蔬菜连作，实行水旱轮作或与其它旱作 2 年以上作物轮作；栽植前整地时，及时清除田间杂草和前茬作物的残株、枯叶，集中深埋或烧毁，以压低虫口基数。生长期间勤除草、中耕，减少葱蓟马栖息和繁育场所，改变田间环境条件，抑制害虫的发生；温暖干旱季节勤浇水，抑制葱蓟马的繁殖和活动；实行非寄主蔬菜作物轮作，切断害虫食物链；采用地膜覆盖栽培或中耕，破坏和阻止害虫入土化蛹。

（2）物理防治　利用蓟马的趋蓝习性，在田间挂设涂有机油的蓝色板诱杀。

（3）化学防治　发现虫情后，及时选用 50% 辛硫磷乳油 1000 倍液，或 3% 啶虫脒乳油 2000 倍液，或 25% 噻虫嗪（阿克泰）水分散粒剂 2000 倍液等喷雾防治 2～3 次，交替用药，7～10d 1 次，消灭蓟马成虫和若虫。

（四）螨类

螨类在薤区发生最普遍，危害最严重，在苗期、生长期及种用鳞茎储藏期均可危害；田间在 9 月下旬～10 月下旬及第二年 3 月上旬～5 月上旬为为害盛期，常导致成片枯死，一般减产 30％左右，严重时绝收。为害薤头的螨类主要有刺足根螨（*Rhizoglyphus echimopus*）和大蒜根螨（*Rhizoglyphus allii*），都属蜱螨亚纲真螨目粉螨科根螨属。刺足根螨与大蒜根螨常混合发生，也常与根蛆、韭蛆等混合发生，危害地下部分。另外据陈学军等研究，为害薤头的螨类还有茶褐螨，危害地上部分叶片。

1. 为害症状

（1）根螨为害症状

① 刺足根螨　刺足根螨主要危害地下部分的鳞茎和须根，常聚集在鳞茎的根盘与须根基部危害，以两鳞茎之间的夹缝处为多；叶鞘基部外层被害后可向内侧及鳞茎组织内层发展，被害鳞茎生长不良、细小，分蘖减少，严重时变黑褐色，导致病菌滋生腐败发臭；被害根系变褐色，稀疏细短；受害鳞茎地上部分叶片减少，叶片发黄瘦弱矮小，严重时全株枯死，导致成片凋萎死亡，出现缺苗断垄酿成"发瘟"现象。种苗储藏期危害后同样引起鳞茎腐烂发臭或成空壳。无论田间还是室内储藏期根螨可以诱发和传播多种病害。例如根螨危害鳞茎和须根造成的伤口有利于根腐病菌侵入，加重薤头根腐病发生。

② 大蒜根螨　大蒜根螨以成、若螨群集于薤头肉质鳞茎表皮下与根颈处取食为害。根螨取食鳞茎肉质仅留表皮，由外向内逐层为害，鳞茎变小，土壤湿度高，虫量多时，外层被害鳞茎往往腐烂发臭；土壤干燥时，外层受害鳞茎表皮变褐，根颈被害，根系生长受阻，新根少，老根枯死，虫量高时，根颈处枯黄甚至腐烂。受害薤头地上叶片，最初表现生长缓慢，植株瘦弱，叶片细少，逐渐下部叶片发黄、干枯，后向植株心叶发展，最后全部枯死；田间初期表现生长缓慢，分蘖少，中后期表现点片状枯死，受害重田块出现断株断垄，甚至全田枯死。

（2）根螨危害识别方法　观察薤苗地上部分，最初表现为生长缓慢，植株矮小、瘦弱，下部叶片发黄、干枯，后植株心叶转黄。出现此症状，可将整株挖起用放大镜检查，判断是否是刺足根螨危害。

（3）根螨危害程度分级标准为　0 级——整蔸长势正常，叶片健壮，浓绿；1 级——整蔸有 25％以下叶片生长不正常，黄矮、细小或枯萎；3 级——整蔸有 25％～50％叶片生长不正常，黄矮、细小或枯萎；5 级——整蔸有 50％～75％叶片生长不正常，黄矮、细小或枯萎；7 级——整蔸有 75％～100％叶片生长不正常，黄矮、细小或枯萎。

2. 形态特征

（1）刺足根螨　成螨似宽卵圆形，乳白色，有光泽，足浅红褐色，体长 0.6～0.9mm，幼螨 3 对足，若螨和成螨 4 对足，卵白色，椭圆形，长约 0.2mm。

（2）大蒜根螨　成螨宽卵圆形，乳白色，有光泽，足浅红褐色，体长 0.5～0.7mm，卵白色，长椭圆形，长约 0.2mm。本种与刺足根螨为近似种，主要区别为本种格氏器分叉，肛吸盘上肛毛短圆锥形，长度小于肛吸盘半径。

3. 发生规律

（1）刺足根螨 刺足根螨在田间可发生 $10\sim12$ 代，世代重叠严重，适宜发生温度为 $8\sim35℃$，最适发生温度为 $18\sim25℃$，相对湿度为 $80\%\sim90\%$。喜中温高湿，极端低温和高温对螨有抑制作用。以成螨、若螨及其少数休眠体在田间地下薤头鳞茎上或土壤内越冬，翌年 2 月下旬开始活动及取食，4 月上旬至 5 月中旬为田间发生危害盛期。6 月上旬薤头采收后，根螨随着留种用薤头在田间越夏，此时地下可见各种虫态，但繁殖危害明显减弱。8 月上旬刺足根螨随种苗采收进入农舍，可在室内继续繁殖危害。严重时造成鳞茎损失 $5\%\sim10\%$，贮藏期鳞茎带螨率为 $5\%\sim40\%$。这些种用鳞茎上的根螨，栽种前处理不彻底，与田间残留根螨一样则成为田间初次侵染的螨源，9 月上旬薤头栽种后，9 月下旬$\sim$10 月下旬为发生危害盛期。刺足根螨喜在沙壤土中，群集单株，向四周爬迁扩散，形成零星点到成片、成块扩展动态，酸性土壤危害重。

（2）大蒜根螨 大蒜根螨数量在 $10\sim11$ 月薤头分蘖期和翌年 $3\sim5$ 月薤头鳞茎膨大期快速增长，至 6 月达到数量高峰，冬季低温对根螨数量无明显影响。虫量高的薤田冬前可表现枯黄受害症状，一般田块多在春季 4 月开始表现为害症状并逐渐加重。田间为害状分布呈明显的点片状，说明根螨在田间的移动扩散能力有限。薤种带螨是根螨远距离传播的主要方式，留在地里越夏的留种方式有利于根螨的越夏与传播，传统干种子留种由于暴晒与阴干不利于根螨的越夏。在不同耕作方式中，连作薤田根螨发生较重，与水稻轮作薤田根螨发生较轻，与玉米或大豆两年以上轮作田块根螨发生也较轻。

4. 根螨危害薤头"发瘟"成因

由根螨危害直接和间接酿成的"发瘟"成灾，其原因有以下几个方面：

① 根螨生命力及抗逆性强 根螨生活周期短，年发生代数多，繁殖力强，耐湿能兼营腐生生活，在不良条件下可形成休眠体。其寄主范围广，有大蒜、大葱、小葱、马铃薯、野生山蒜及室内贮藏谷物等。因而螨源复杂广泛，极易传播感染。在田间，大多数根螨可爬迁至地面扩散危害。

② 根螨体微小，且在地下部分危害，十分隐蔽，因而不易及时查找发现、及时防治。

③ 种苗带螨 由于大量扩种，引种调种频繁，常将发生区的根螨传入新区，造成人为的远距离传播，其鳞茎带螨率为 $25\%\sim46\%$。种植前又未进行处理，导致虫源基数大，遇适宜的气候条件则可迅速成灾。

④ 滥用农药 由于薤农不明"发瘟"的根源，对根螨不够了解，误把虫害当病害治，导致根螨蔓延。因而误用农药的现象普遍，有的甚至使用禁用的农药，或长期单一用药，防治无效时任意加大药剂浓度及用药次数，造成害螨抗药性产生，

再度猖獗而成灾。

⑤ 防治方法及时间存在误区　由于对刺足根螨的发生危害规律不了解，因而防治时间延误，又多采用叶面喷雾，药剂达不到地下，防治往往失利；种苗的药剂处理不规范，随意性大，效果不明显。

⑥ 根螨为害鳞茎和须根造成伤口有利于根腐病菌侵入，加重薤头根腐病发生。

5. 防治方法

根据根螨的发生规律、传播途径、药剂试验及生产实践经验，应采取以农业防治为基础，切断根螨传播途径，保护利用捕食螨自然控制能力，对重发田块选择适宜时机进行化学防治的综防技术措施。

（1）控制薤种带螨传播　根螨主要栖息在鳞茎上，可随鳞茎的调运与栽种而扩散传播。建立无螨虫留种基地，并提倡传统夏季晾晒阴干留种方式，并结合薤种播前药剂处理，确保薤种无螨，隔断螨经薤种传播的途径。因此，引种、调种、留种时注意严格监测检查鳞茎带螨情况，选择没有发生根螨的田块的种薤进行引种、调种、留种，已经发现了根螨为害的田块就不能作为种薤培育基地。在带螨率不高的情况下，鳞茎应立即摊开晾晒和进行药剂处理后再栽种。

① 建立无螨虫留种基地　建立无螨留种基地，选用没有种过薤头的田块，种植无螨薤头鳞茎，培育无螨薤头鳞茎作种苗。

② 重视薤种晾晒与贮藏　一般留作种用的薤头鳞茎在田间越夏，于8月上中旬收获后入农舍贮藏至9月上中旬栽种，该时间段应重视薤种晾晒与贮藏，控制根螨继续繁殖危害和传播。

薤种晾晒是指将采收后的薤种鳞茎晾晒2~3d，可杀灭90%以上的根螨，晒后放在清洁卫生、通风干燥的地方贮藏，其螨口密度可维持在很低水平，还能起到促进出苗的作用。薤种地面贮藏应堆放在楼板上其厚度不超过10cm，并定时检查翻动，降低堆层的湿度，可避免因湿度过高引起根螨发生，导致腐烂。提倡挂藏，以降低鳞茎的水分，能有效地抑制根螨的危害。

③ 栽前薤种处理　发现薤种有螨应及时进行药剂处理，能有效地防止根螨被带入田间，这在防控上是很关键的措施，可采用以下方法：

a. 药剂浸种法　种植前，先晒种1~2d，再用50%辛硫磷1000倍液浸种15min杀死虫卵，捞起晾干种植。

b. 喷雾闷种法　将配好的一定浓度的药剂，用喷头喷于摊放的薤头（厚度不超过10cm）上，后用薄膜覆盖6~12h后栽种。

c. 毒土法　按一定量将毒土、颗粒剂（如3%辛硫磷颗粒剂）撒入栽种的沟中，然后栽种；或结合最后一次耙地撒施底肥时同时进行，混土处理，将毒土或颗粒剂耙入土中，可有效地减少土壤与种薤鳞茎上的根螨。

d. 温汤处理　也可将薤种浸入50℃温水中浸泡45min；45℃温水中浸泡90min

（浸种过程中不断加入温水保持恒温）。上述水温与时间对根螨有致死作用，对种苗的出苗无影响。

注意药剂可选用 50％辛硫磷加 10％吡虫啉，或加 1.8％阿维菌素，同时在配制时可加入 70％甲基硫菌灵 800 倍液，这样能同时防病，因为根螨危害严重时往往诱发病害发生。

（2）重视农业防治

① 精选种苗　应选用健壮、无螨、无病、无伤口的鳞茎作藠种，减轻为害。

② 合理轮作　根螨为害重的田块，不能连作。有条件的田块实行水旱轮作，旱地提倡与麦、玉米、大豆等作物进行两年以上轮作，消灭土壤中残留的根螨。

③ 深翻暴晒土壤　藠头收获后，利用 7～8 月高温干燥气候，提倡多次深翻耕，或整地时，深翻暴晒土壤 3～4d，利用高温与干燥杀灭土中残留根螨。并及时清除带螨残体，减少虫源。有条件的地方也可灌水浸泡田块数天，浸杀土壤中根螨。

④ 巧施石灰或茶饼　整地时对酸性土壤，每亩施生石灰 50～60kg，调节土壤酸碱度，可抑制根螨的生长与繁殖。也可每亩施茶饼饼粉 100～200kg，单独施用或混合其它无机、有机肥料施用，作底肥或作为追肥。既作为无公害肥料发挥作用，又能防治藠头根螨的危害。

⑤ 适时栽种　以在 9 月上中旬栽种为宜，迟栽的藠头冬前生长缓慢，生长势弱，抗螨能力差，极易受害。

⑥ 合理施肥　施用充分腐熟的农家肥作基肥，合理施用氮、磷、钾肥，增施磷、钾肥，促进藠头生长健壮，增强藠头抗虫能力。

⑦ 科学管水　选择排水良好的田块栽种，生长期及时清沟排渍，及时铲除杂草，降低田间湿度，促进藠头生长，提高抗螨力。

（3）推广生物防治　建立藠头病虫害观测点，指导藠农适期防治，防止农药滥用，保护利用和释放捕食性蜘蛛和益螨，消灭害螨。

（4）及时进行化学防治　选择时机，合理用药，控制危害。

① 防治策略　早防早治，压前控后，根部施药。

② 防治适时　秋季栽种后，从 9 月中旬～11 月上旬为螨害盛发期，应根据螨情，点片挑治，在冬前将螨口密度控制到较低水平；春季 3 月上旬至 5 月中旬为危害盛期，极易导致"发瘟"，在此期间施药 2～3 次，应早防早治，即应在惊蛰后根据螨情开展防治。应在 3 月底以前控制其可能蔓延的势头。

③ 施药方法　改田间喷雾施药为药剂灌根或浇灌，要求药液一定要到达地下鳞茎部分，秋季或春季初发生时一般为零星点片发生，可进行挑治，即在被害菀四周 1m 内灌根施药，以防止扩散蔓延，节省人工和药剂。

④ 药剂选用　可用于种苗处理与田间防治的农药有 50％辛硫磷乳油 1000 倍液、1.8％阿维菌素乳油 1500～2000 倍液、73％炔螨特乳油 1000 倍液等。基部淋

喷、浇灌，隔 7～10d 1 次，连续 2～3 次，收获前 10d 停止用药。注意轮换交替用药，坚决禁止使用高毒高残留农药，建议不使用出口受阻农药，以确保薤头产品质量安全。

（五）种蝇

危害薤头常见的种蝇有葱地种蝇（葱蝇 *Delia antiqua*）和灰地种蝇（种蝇 *Delia platura*），葱蝇与种蝇的幼虫都俗称根蛆或地蛆，属双翅目花蝇科。葱蝇（根蛆）只为害葱蒜类蔬菜，种蝇为害葱蒜类、瓜类、豆类及十字花科蔬菜等，薤头一般以葱蝇危害为主。

1. 为害症状

幼虫群集蛀食地下鳞茎，从鳞茎基部托盘处钻成孔道，蛀食心叶部，使组织腐烂，叶片枯黄、萎蔫乃至成片死亡。受害轻者，植株生长衰弱、矮小，分蘖少。被害株易被拔出并被拔断，拔出受害株可发现蛆蛹。

2. 形态特征

成虫个体比家蝇小，体长 4～6mm，暗褐色，前翅膜质透明，后翅退化为黄色平衡棒。幼虫似粪蛆，乳白色带淡黄色，体长 7～9mm，头退化，仅有一黑色口钩，无足，整个体形前端细、后端粗。蛹长椭圆形，长 4～5mm，黄褐色或红褐色。卵长茄形，乳白色。

3. 发生规律

南方地区一般一年发生 4～6 代，以蛹在土中或粪堆中越冬，成虫和幼虫也可以越冬。翌春成虫开始大量出现，早晚躲在土缝中，天气晴暖时很活跃，田间成虫大增。葱蝇和种蝇都为腐食性害虫，没有腐熟的粪肥或未发酵的饼肥以及新翻耕的潮湿土地能招引成虫大量产卵，卵期 3～5d，卵孵化为幼虫后便开始危害。幼虫一般钻入鳞茎中取食，一个鳞茎常有幼虫数十头。幼虫期 20d，老熟幼虫在土壤中化蛹。

4. 防治方法

以农业防治为基础，药剂防治为重点，药剂防治以成虫为主，成虫防治不力时，防治幼虫也很重要。

（1）栽前防治

① 收获后或栽种前翻耕土地，机械杀伤土中的幼虫和蛹。虫害严重地块可水旱轮作或与非寄主作物轮作，或用 3% 辛硫磷颗粒剂每亩 3kg 撒在土面进行毒土处理。

② 施用充分腐熟的粪肥或饼肥，并注意薤种与肥料隔离，施后立即覆土，不使肥料暴露在地面上，以免招引成虫产卵。在堆制有机肥时，粪肥可混拌药剂，在

粪肥较干时，喷拌 50％辛硫磷乳油 1000 倍液，或 90％敌百虫晶体 1000 倍液，混拌均匀并堆闷后施用。在粪肥较湿时，可在粪肥上撒一层用辛硫磷颗粒剂或敌百虫粉剂与细土拌成的毒土。薤头被害后，不要追施稀粪，可用化肥，以减少成虫产卵。

③ 精选薤种　栽种前选择无虫、无病、无霉、无损的薤头鳞茎栽种。不栽霉烂的鳞茎防止腐烂发臭，招引成虫产卵。

④ 药剂拌种　用 90％敌百虫 100 倍液或 50％辛硫磷 200 倍液拌健康薤种，随拌随栽。

（2）诱捕成虫　在发生种蝇较多的地方，用糖醋液诱杀成虫，配方为糖∶醋∶白酒∶水∶90％敌百虫粉＝6∶3∶1∶10∶1，或糖∶醋∶水＝1∶1∶2.5 的比例配成溶液，加入少量敌百虫拌匀，倒入放有锯末或糠麸的容器中加盖，待晴天白天开盖诱杀，每亩放置 8～10 个，隔日加醋一次。在薤头产区，可推广使用频振式杀虫灯诱杀成虫，控制危害。这种方法也可用于预测预报，当成虫量突然猛增时，即为成虫盛发期，立即防治。

（3）防治成虫　成虫防治在成虫盛发期可选用 2.5％溴氰菊酯 3000 倍液，50％辛硫磷 2000 倍液，90％敌百虫粉剂 1000 倍液等，于上午 9～10 时均匀喷洒全株和株间地面，7～10d 1 次，视情况连喷 2～3 次。

（4）防治幼虫　幼虫为害初期可选用 50％辛硫磷 1000 倍液，2.5％溴氰菊酯 3000 倍液，以及其它菊酯类农药灌根，也可用 1.8％阿维菌素乳油 2000 倍液，或用苏云金杆菌悬浮剂 200 倍液灌根。施药时将喷雾器的喷头拧去旋水片，把药液喷施于根部，7～10d 1 次，视情况防治 2～3 次。

（六）葱斑潜蝇

葱斑潜蝇又名葱斑潜叶蝇、葱潜叶蝇，属双翅目潜蝇科斑潜蝇属，学名 *Liriomyza chinensis*。主要危害葱、洋葱和韭菜，在薤头上发生普遍，但不严重。

1. 为害症状

幼虫常在基部叶片潜食叶肉危害，初孵幼虫潜道呈细线状，或在叶面上有许多白色斑点（为取食痕与产卵痕），随虫龄加大潜道变宽，逐渐形成灰白色不规则的蜿蜒潜道，有的排列成纵行。幼虫取食量及取食速度随虫龄加大而加大。一片筒叶上有多个虫道时，潜道彼此串通，严重时可遍及全叶，破坏叶片的绿色组织，影响叶片光合作用，降低薤头产量和薤苗鲜食品质。

2. 形态特征

成虫为体长 2～3mm 的黑色小蝇。前翅透明并有紫色光泽；后翅退化为平衡棒。幼虫孵化初期为乳白色，后变为淡黄色，细长圆筒形，体壁半透明，绿色，体长约 4mm，宽 0.5mm。

3. 发生规律

一年发生 5～6 代，以蛹在被害叶片内和表土越冬。翌年 3 月中旬至 4 月上、中旬羽化，10 月下旬至 11 月上旬前后化蛹越冬。成虫活泼，晴朗的白天常飞翔于薤株间或其它作物植株间，阴天、夜间则栖息于叶尖附近。卵散产，每头雌虫产卵数十粒，多产于叶片的表皮下。成熟幼虫在虫道中化蛹，以后穿破表皮羽化。其卵、幼虫和蛹均在叶内生活。

葱斑潜蝇喜温暖环境，发生危害的最适温度为 18～26℃，超过 35℃有越夏现象。薤头产区在 9 月下旬～10 月中旬及第二年 4 月下旬～6 月上旬发生危害。

4. 防治方法

（1）栽前防治　种植前，彻底清除薤田内外杂草，薤头残株、败叶，并集中沤肥或烧毁；栽培时深翻土壤，活埋地面上的蛹，减少虫源。有虫严重地块，可水旱轮作或与其它作物轮作。

（2）诱杀成虫　越冬代成虫羽化盛期，利用其趋糖性，可用甘薯、胡萝卜汁按 0.05％的比例加晶体敌百虫制成诱杀剂诱杀。及时在田间插立或在植株顶部悬挂黄色诱虫板进行诱杀，每亩 15～20 张，可大量减少虫源。

（3）成虫防治　在成虫盛发期，可选用 2.5％高效氯氟氰菊酯乳油 2000 倍液、80％敌敌畏乳油 2000 倍液、50％敌百虫可湿性粉剂 1000 倍液等喷雾防治。

（4）幼虫防治　在幼虫危害期，始见幼虫潜蛀时，可选用 50％灭蝇胺可湿性粉剂 2000 倍液、1.8％阿维菌素乳油 1000 倍液、10％烟碱乳油 800 倍液、10％氯氰菊酯乳油 2000 倍液、3.3％阿维·联苯菊乳油 1000 倍液或 5.7％氟氯氰菊酯乳油 1500 倍液等喷雾防治。

需要注意的是，化学防治适期为成虫高峰期至幼虫始发期，药剂要交替使用，防治视虫情 7～8d 1 次，连防 2～3 次。

（七）蛴螬

蛴螬俗名白地蚕、白土蚕、蛭虫等，是鞘翅目金龟甲科幼虫的通称。其成虫通称金龟子，金龟子种类很多，在薤头上有茶色金龟子（*Adoretus sinicus* Burmeister）和大黑金龟子（*Holatrishia diomophalia* Bates），以幼虫地下为害薤头鳞茎。

1. 为害症状

蛴螬栖息在土壤中，咬断薤苗的根，咬伤鳞茎和假茎基部，使作物生长衰弱，同时虫伤导致病菌侵入诱发病害，引起变色腐烂，受害株叶片发黄、萎蔫甚至枯死，严重影响产量和品质。成虫金龟子喜食大豆、花生及树木叶片，使叶片产生不规则的缺刻和孔洞，残留叶脉基部。

2. 形态特征

金龟甲类成虫身体坚硬肥厚，前翅为鞘翅，后翅膜质。口器咀嚼式，前足开掘式。幼虫蛴螬型，体乳白色，柔软多皱，胸足 3 对 4 节，腹部末端向腹面弯曲，肥胖弯曲呈 C 形，肛腹板刚毛区散生钩状刚毛。

3. 发生规律

一般 1 年发生 1～2 代，或 2～3 年发生 1 代。蛴螬共 3 龄，1～2 龄龄期较短，3 龄最长。蛴螬终生栖居土中。在一年中活动最适的土温平均为 13～18℃，含水量 15%～20%，高于 23℃，逐渐向深土层转移，至秋季土温下降后再移向土壤上层。因此蛴螬在春、秋两季为害较重。且多发生在土壤疏松、厩肥多、保水力强的田块。成虫有假死性、趋光性，昼伏夜出，白天潜伏于土层中和作物根际处，傍晚开始出土活动。

4. 防治方法

防治根蛆和韭蛆的一些措施可兼治蛴螬。地下害虫往往混合发生，须综合防治。蛴螬严重发生的，可针对性地防治。

（1）农业防治　栽种前对地块进行翻耕耙压，通过风干、机械损伤和鸟兽啄食减少田间虫口基数。整地时施用充分腐熟的有机肥，避免将幼虫和虫卵带入薤田，并能改善土壤结构，促进根系发育，增强抗虫能力。适当施用一些碳酸氢铵、腐殖酸铵等化肥作底肥，对蛴螬有一定抑制作用。重发生地块实行水旱或与其它作物轮作，避免与大豆、花生、玉米等蛴螬喜食作物套作。

（2）物理防治　耕翻拾虫，施用有机肥前筛出其中的蛴螬，种薤栽后发现薤苗被害，可挖出其中的幼虫，还可利用成虫趋光性和喜食树木叶片的特性，在成虫盛发期，进行黑光灯诱杀和毒饵诱杀，还可用性诱剂诱杀。

① 黑光灯诱杀　利用金龟甲类的趋光性，在成虫盛发期，设 40W 黑光灯，距地面 30cm，灯下放直径约 1m 的塑料盆或挖土坑铺膜后，加满水再加微量煤油封闭水面。傍晚开灯诱集，清晨捞出死虫，并捕杀未落入水中的活虫。

② 毒饵诱杀　利用金龟子喜食树木叶片的习性，成虫盛发期，傍晚在田间插入用 40% 氧乐果乳油 500 倍液等药剂处理过的 20～30cm 长的榆、杨、刺槐等带叶树枝，或每亩放置 10～15 小堆树叶，毒杀成虫。

（3）药剂防治

① 药剂拌种　用 50% 辛硫磷乳油拌种，辛硫磷、水、薤种的比例为 1：50：500，将药液均匀喷洒在薤种上，边喷边拌，拌后盖塑料薄膜闷种 3～4h，期间翻动 1～2 次，干后即可栽种，其药效可保持 20 余天。

② 毒土法　用 50% 辛硫磷乳油或 90% 敌百虫晶体 100～150g，兑少量水稀释后拌田土 15～20kg，制成毒土，撒在地面，再结合耙地使毒土与土壤混合，或均匀撒在播种沟内，覆一层细土后播种，防止对薤种产生药害，同样也可将药剂与肥料混合，整地时撒施或种植时沟施。

③ 灌根法　在蛴螬发生较重的地块，用 50% 辛硫磷乳油 1500 倍液，或 80%

晶体敌百虫可溶性粉剂 500 倍液，25％甲萘威可湿性粉剂 800 倍液等兑水灌根，每株灌 150～250g 防治，可杀死根际幼虫。

（4）生物防治　可利用白僵菌、绿僵菌、乳状菌防治蛴螬。

（八）蝼蛄

蝼蛄属直翅目蝼蛄科。蝼蛄俗名拉拉蛄、土狗子等。在薤头上发现有非洲蝼蛄（*Gryllotalpa africana* Palisot de Beauvois）为害地下部分，危害不严重。

1. 为害症状

蝼蛄食性很杂，以成虫、若虫在土中食害薤头根部、鳞茎和靠近地面的假茎，被害部呈不整齐的丝状残缺，致使薤苗枯死。此外，成虫和若虫在地下活动，将表土窜成许多隧道，使薤苗根部与土壤分离而失水枯萎而死，造成缺苗现象。

2. 形态特征

成虫体长 29～35mm，体浅茶褐色；头小，口器伸向前方；前胸背板卵圆形，有 1 对发达、粗短适于开掘的前足；前翅短，仅达腹部的一半，后翅扇形，折叠于前翅之下稍超过腹部末端；腹部呈纺锤形，有 1 对较长的尾须。若虫形似成虫，初孵化时乳白色，随龄期增长，体色由浅变深，翅由无到有，并逐渐长大。卵椭圆形，初产时乳白色，渐变为黄褐色，孵化前暗紫色。

3. 发生规律

1 年发生 1 代，以若虫或成虫在地下越冬。来年 3～4 月开始上升到地表活动，在洞口顶起一个小虚土堆。4～5 月为活动盛期，也是第一次为害高峰期。6～8 月天气炎热，即转入地下活动。9 月气温下降，再次上升到地表，形成第二次为害高峰，10 月以后陆续钻入深层土中越冬。蝼蛄昼伏夜出，活动与土壤温、湿度有关，土温 15～20℃、含水量 22％～27％最适宜活动，所以春秋两季较活跃，雨后或灌溉后为害较重。成虫有趋光性、趋化性、趋粪性和趋湿性，大量施未充分腐熟的农家肥，易导致蝼蛄发生为害。

4. 防治方法

（1）栽培措施　有条件时进行水旱轮作，可淹死害虫。精耕细作，深耕细耙，避免使用未充分发酵腐熟的农家肥，及时除去杂草，减少中间寄主和产卵场所，形成不适合害虫生存的环境条件，可减轻其发生的程度。

（2）诱杀

① 黑光灯诱杀　蝼蛄有很强的趋光性，在春秋季节用黑光灯诱杀蝼蛄，能显著降低虫口密度。

② 毒饵诱杀　成虫对香甜物有强烈趋性，撒施毒饵进行防治。可选用谷子、米糠、麦麸、豆饼、棉籽饼或碎玉米粒之一炒香后，每 1kg 拌入 30mL 90％敌百虫

晶体30倍液。撒在畦面或播种沟内，也可撒于地面再耙入地里诱杀。

（3）人工捕捉　早春根据蝼蛄造成的隧道虚土查找虫窝，杀死害虫。夏季可查找卵室消灭虫卵。

（4）药剂拌种　常发、重发地可施行药剂拌种，方法同蛴螬防治。

（5）毒土法　在蝼蛄为害严重的地块，整地时将药剂均匀喷施或撒施于地面，也可将药剂与细土、细沙混拌为毒土撒施地面或播种沟内。可选用50％辛硫磷乳油、5％辛硫磷颗粒剂、1.1％苦参碱粉等药剂。

（6）灌根法　发现有虫为害时可采用50％辛硫磷乳油灌根防治，也可用77.5％敌敌畏乳油30倍液灌洞杀灭成虫。

第四节　藠头主要草害及其防治

一、藠头主要草害及其发生规律

藠田杂草具有发生早、种类多、周期长、连年发生等特点。不同藠头产区与丘块，不同种植藠头茬口，不同耕作方式，藠田杂草种类和为害程度差异较大。藠田杂草主要种类有禾本科的马唐、看麦娘、早熟禾、牛筋草（蟋蟀草）、狗尾草等，莎草科的香附子（三棱草）、异型莎草等，以及阔叶杂草中的猪殃殃、繁缕、婆婆纳、雀舌草、附地菜、荠菜、小蓬草等。水旱轮作、湿度高的藠田还有四叶萍和节节菜等杂草。

藠田杂草有两个发生高峰期，一是从播种到齐苗期（冬前），二是从开春到分蘖与鳞茎膨大期。杂草的危害主要表现在杂草和藠头争肥、争水、争光、争空间，使藠头因缺乏养分而出现草荒苗、藠头分蘖少、鳞茎细小的情况；杂草还会作为一些病虫害的中间寄主，加重病虫害的发生，而造成藠头减产、品质下降、效益降低。防止藠田里的杂草滋长是做好标准化生产的重要环节。因此，应根据各藠头产区当地的杂草实际危害情况和防治杂草的条件，制订出一整套包括合理轮作、土壤耕作、生物防治、物理防治，以及除草剂轮用、混用等措施相结合的综合杂草防治体系，才能做到合理、经济、有效地防除藠田杂草。

二、藠头主要草害防治技术

（一）藠头主要草害综合防治基本措施

在藠头生产过程中除病虫害外，草害对藠头生长危害也较严重。杂草在生长中与藠头争夺阳光、水分、空间及营养物质导致藠头产量与质量下降，有些杂草是藠头病虫害的中间寄主或蛰伏越冬的场所，助长病虫害蔓延与传播。因此必须及时清除藠头地田间杂草，确保藠头高产、优质。藠头品种、栽培方式各异，抗药性能不同，应根据藠头品种及杂草生长情况，选择适宜的方法除草。

1. 农业除草法

利用农业措施除草，通过调控植株行距、播种量、具体空间排列和不同措施的组合，如培养壮苗、水旱轮作、合理翻耙、覆盖等措施，抑制杂草的生长。藠头基地常采用芒萁、蕨、稻草、谷壳、锯木屑、树叶、粗堆肥等覆盖畦面，净菜藠头生产在畦面覆盖塑料薄膜不但可以防治杂草，而且能够促进藠头生长。

2. 物理机械除草法

利用水、光、热等物理因子除草，如用火燎法进行垦荒除草，用水淹法除旱生杂草，用深色塑料薄膜覆盖土表遮光，以提高温度除草等；利用各种整地、中耕机械除草，仅能去除行间杂草。

3. 生物除草法

利用食草昆虫、病原微生物和植物敏感物质防除杂草。生物除草法是利用农业生态系统中的昆虫、病原微生物及动植物等生物，通过相生相克关系，将杂草控制在其经济危害水平以下的一种杂草治理措施。杂草生物防治的种类主要包括以虫治草、以菌治草、以草食动物治草及以草治草等。

4. 人工除草法

通过人力拔出、割刈、锄草等措施来有效防治杂草的方法。人工除草无论是手工拔草，还是锄、犁、耙等都很费工、费力，且效率低。

有机藠头、AA级绿色藠头生产的除草工作单纯依靠农业、物理机械、生物方法是不够的，有许多杂草仍需要依赖人工随时加以拔除，才能有效地抑制其滋生与蔓延。

5. 化学除草法

化学除草法是藠头田间的主要除草手段，在化学除草技术中，应根据藠头品种选择适宜的药剂和使用方法。对藠头可用仲丁灵、二甲戊灵、氟乐灵等除草，选用时应慎重，用量在有效范围内取最低量，防止除草剂对环境的污染，防止出现对当茬或后茬作物的药害及在作物中的残留和杂草抗药性等问题。

（二）藠头主要草害综合防治技术

1. 增强藠头长势

① 精选藠种，选择无病、无虫、无杂草、鳞茎大、生长快的藠种。
② 适期栽种和移栽大苗，能使作物早形成覆盖层，当杂草大量萌发时，作物

已形成较好的群体优势，大大增强了与杂草竞争的能力。

③ 合理密植、提高栽种质量，创造一个有利于藠头生长的环境。

④ 合理施用肥水、防治病虫害、加强田间管理，促进藠头早生快长。

⑤ 改善藠田基本条件，合理布局茬口和种植方式，确保藠头良好生长。

2. 植前减少杂草基数

（1）截流断源

① 防止外源性恶性杂草或其籽实随藠种引进或调运传播扩散、侵染当地藠田。

② 清理水源，严防田边、路埂、沟渠或隙地上的杂草籽实再侵染。在沟边、路边、田边等处种植三叶草、小冠花、苜蓿等匍匐型多年生植物，以草抑制杂草。

③ 施腐熟有机肥，通过堆置或沤制，产生高温或缺氧环境，杀死绝大部分杂草种子。

（2）诱杀杂草

① 提早整地，诱使土表杂草萌发，在栽种前耕耙杀除或化学方法去除。

② 无色薄膜覆盖，利用太阳热增加土温，使杂草集中迅速出苗，可通过窒息、高温杀死杂草种子，也便于使用除草剂一次杀灭。

（3）轮作　合理轮作可创造一个适宜藠头生长而不利于杂草生存延续的生境，削弱杂草群体生长势。连年有恶性杂草的地块，稻区可进行水稻与藠头轮作，旱地非百合科作物与藠头轮作，特别阔叶作物与藠头轮作，可轮用不同选择性除草剂，均有利于减少藠田杂草。

（4）深翻　合理深翻能减少萌发层杂草繁殖器官有效贮量，增加杂草出苗深度，延缓杂草出苗期，削弱杂草群体生长势，利于藠头生长。利用深耕不仅能将浅表层的一年生或多年生杂草进行有效压制，人工将多年生宿根杂草的根、茎清拣干净，降低杂草生长密度，而且对保墒、增温、增加透气性及藠头根系的发展均有极大好处。

3. 植后减少杂草发生量

（1）覆盖治草　覆盖治草通过遮光或窒息减少杂草萌发，并抑制其生长，能延长杂草种子解除休眠的时间，推迟杂草发生期，从而削弱杂草群体生长势。覆盖的方式包括作物秸秆如稻草覆盖、有色薄膜覆盖、基本不含有活力草籽的有机肥覆盖，以及开沟上垄泥土覆盖等。

① 覆草　栽种藠头时覆3~10cm厚的稻草、玉米秸、高粱秸、麦秸等，不仅能调节田间温湿度和改土肥田，而且能有效地抑制出草。

② 覆除草地膜　推广除草药膜和有色（尤其是黑色）地膜，使调节温度、保墒和除草有机结合。

（2）人工除草　藠头生长期通过中耕锄地去除行间及株间杂草，株距较小时还需要辅以人工拔草，以及后期为不影响藠头鳞茎生长采用割草等。

（3）化学除草　包括播前施药、播后芽前施药、茎叶喷雾、防护罩定向喷雾（沟边、路边、田边）等。薤头田化学除草技术简要介绍如下：

①播种前除草　在薤头播种前3～5d，对整地较早而杂草较多的田块，可选质量好的草甘膦等茎叶喷雾除草。

②播种期除草（土壤处理）　薤头播后芽前，是杂草防治最有利的时期。因为薤头播种期温度适宜、墒情较好、土质肥沃，有利于杂草的发生，如不及时进行杂草防治，将严重影响薤苗生长。

薤头播种前，灌一次跑马水或等下雨后使土壤湿润，在薤头播后至出苗前，每亩可选用96％精异丙甲草胺（金都尔）乳油120mL，72％异丙甲草胺（都尔）乳油250mL，48％甲草胺（拉索）乳油200mL，90％乙草胺（禾耐斯）乳油100mL，48％仲丁灵（地乐胺）乳油200mL，33％二甲戊灵（除草通）乳油150mL，48％氟乐灵乳油250mL等，50％扑草净100g兑水40～50kg喷施土壤。如果播种前不能使土壤湿润，又不能喷足药水量，将影响除草效果。

③薤头出苗后除草（茎叶处理）　薤田没有土壤处理的或处理失败的可采取茎叶处理。以禾草为主的田块，在薤头出苗后封行前，杂草3～5叶期，每亩选用10.8％高效氟吡甲禾灵（高效盖草能）乳油40mL，15％精吡氟禾草灵（精稳杀得）乳油50mL，5％精喹禾灵（精禾草克）乳油50mL兑水30kg喷雾。如阔叶杂草较多时可用20％氯氟吡氧乙酸（使它隆）乳油50mL。施药时要求土壤墒情好，温度在12℃以上，视杂草大小调整药量，以利于提高除草效果。

若禾草、莎草、阔叶草混生，在薤头1～3叶期，单子叶杂草3～4叶期，双子叶杂草4～5叶期，每亩用10.8％高效氟吡甲禾灵乳油20mL加48％灭草松（苯达松）乳油100mL，或加20％2甲4氯钠盐250mL兑水30kg喷雾，对薤田中的单双子叶杂草有较好防效，一次用药，基本可控制全田草害。

④注意事项

a.正确选择除草剂品种　根据当地杂草种类、分布和组成选择适宜的除草剂，不可使用新代力除草剂，禁止使用除草醚除草剂。

b.确定最佳用药量　根据除草剂特性、杂草生长状况、气候与土壤性质等来确定单位面积的最佳用药量，不可随意加大或减少用药量，在气温高、土壤湿润的情况下用药量要适当减少。使用药剂时应选择晴天进行，若遇高温干旱天气可在傍晚进行。如在喷药后1天内遇大雨，则需晴天补喷，用药量为先前剂量的一半。

c.掌握科学的施药技术　施药应该喷洒均匀，不重复喷，不漏喷。

d.合理使用除草剂　化学除草是强有力的除草措施。但由于杂草来源广、种类多，危害程度和时期不一，往往一种除草剂或一次施用除草剂还不能达到生产上的要求，需要进行合理混用或第二次处理。而除草剂高频率地重复使用，将产生对环境的污染、对当茬或后茬作物的药害、在作物中的残留以及杂草对除草剂的抗药性等。因此应合理地使用除草剂和加强草害综合防除。例如绿色食品薤头生产在播后苗前进行土壤处理，藠头生长期间禁用除草剂，采取化学方法除草后辅以人工除草方法，有机藠头生产禁止使用基因工程产品和化学除草剂。

总之，任何一种方法（或措施）都不可能完全有效地防治杂草。只有坚持"预防为主，综合防治"的生态治草方针，各种治草措施协调使用、合理安排，有目的、有步骤地对系统进行调节、削弱杂草群体、增强作物群体，充分发挥各种措施的优势，形成一个以藠头为中心，以生态治草为基础，以人为直接干预为辅，多项措施相互配合和补充且与持续农业相适应相统一的、高效低耗的杂草防治体系，才能把杂草防治提高到一个崭新的水平。在制订切实可行的治草体系时，根据所执行的无公害、绿色、有机标准要求，尚需因地制宜，调查杂草优势种，并与当地栽培体系相衔接；并需对各项治草措施进行调查、试验、示范和论证筛选，采取治草效果好、效益高的关键措施。同时还应注意措施的简化和灵活掌握，将危害性杂草有效地控制在生态经济阈值之下。

第五节　藠头主要病虫草害综合防治技术

藠头标准化生产中，藠头的生长发育会遇到各种病虫草的危害。要保证藠头高产优质，就必须对病虫草进行有效综合防控。

一、影响藠头病虫草害发生的因素

随着藠头的大面积种植，长期主要种植藠头作物单一，使土壤连作障碍逐年加重，病虫害发生频次增加，草害发生密度加大，严重影响了藠头种植的经济效益。藠头病虫草害发生加重的原因主要是：

1. 栽培制度与管理不当

（1）多年连作及规模种植　近几年来，随着产业结构调整不断深入，藠头已成为地方上的规模产业，种植面积逐年扩大，且由旱土向稻田扩种，形成大规模连片种植的格局。这种多年连片连作，为害虫提供了丰富的食料，使其种群数量上升，同时病原菌也逐年积累，导致病虫种群基数增加。据调查，连作地普遍发病，亩产量在 900kg 以下，而轮作地发病轻，产量为 1500kg，新垦地未发病，产量达 1780kg。

（2）栽培方法与施肥不合理　一般栽培采用沟播密植法，播种时藠柄与地面成 $15°\sim35°$。但部分藠农习惯穴播，特别是藠柄角度过大，在土壤质地呈黏性情况下，其生长期需盖土两次以上，这样，减小了藠头的通气性，增加了藠头基部湿度，给病菌的滋生提供了条件。同时在施肥上，普遍存在重化肥轻有机肥的现象，这也为病菌和害虫的发生为害提供了有利条件。

2. 气候因素

薤头喜冷凉气候，生长发育的适宜温度为 15～20℃，鳞茎生长期要求长日照。产区气候特点是春末夏初雨量过多，小满季节高温干旱，而这一时期正是薤头鳞茎生长期，每年这种恶劣天气会造成薤头鳞茎滞长，地上部分黄叶，地下根茎腐烂，大面积死苗。同时，光照少，薤头的光合作用减弱，抗病、抗倒、抗逆能力也随之下降。如果薤地渍水或淹水，特别是低洼地，不仅可直接毁苗，还可为多种病菌的传播、侵入和在植株上繁殖提供有利条件。

3. 品种抗性

近十多年来，大多数薤农均没有对薤种进行选种和提纯复壮，致使薤头品种退化，抗病能力显著下降。据调查，从外地引进的薤种带菌率达 40% 左右，本地连作带菌率达 60% 左右。在消毒的情况下，田间引进薤种发病菀率为 18.6%，本地薤种为 37.4%；引进薤种的产量比本地连作常规种高 22.4%。

二、薤头病虫草害综合防治原则

薤头标准化生产病虫草害防治原则是：根据病虫草害的发生规律和经济阈值，按照"预防为主，综合防治"的植保方针，以生态（农业）防治为基础，提倡物理防治，大力推广生物防治，适时科学合理采取化学防治；建立病虫草害测报信息网，通过田间调查观察，制订相应的防治措施；把病虫草害控制在经济允许危害水平之下，并有利于农业的可持续发展，达到生产无公害、绿色、有机食品薤头的目的。

三、薤头病虫草害综合防治基本措施

（一）加强植物检疫与病虫草害监测

1. 加强薤头种苗植物检疫

植物检疫是病虫害防治的第一环节，植物病、虫、杂草的分布是有地域性的，加强对薤种检疫，严把薤种调运采种关，未发病地区应严禁从疫区调种和调入带菌种苗；采种时应从无病植株上采种，防止危险性病、虫、杂草人为地随着薤种在薤田传播和蔓延。加强种苗植物检疫是确保薤头生产安全的一项重要预防措施。

2. 加强薤头病虫害监测

病虫害监测是病虫害预警系统的核心，也是病虫害减灾的前提和条件。病虫害监测的可靠程度，直接影响到预防措施的实施和防治效果的好坏。要根据薤头病虫害发生的特点和所处环境，结合田间定点调查和天气预报情况，科学分析病虫害发生的趋势，及时做好防治工作。实践证明，加强薤头病虫害预测预报工作，是发展无公害、绿色、有机薤头生产的有效措施。

（二）农业防治

农业防治是根据薤头生长发育过程和薤田环境条件，综合运用栽培、耕作、施肥、选择抗病品种、轮作等农业手段，创造有利于薤头生长发育而不利于病虫草害发生的环境，以控制病虫草害的危害。它是综合防治的基础，是有机农业生产中最根本的防治方法。

农业防治措施为：播前晒种，实行轮作，中耕除草，清洁田园，土壤翻晒，石灰消毒，施用腐熟有机肥，健全排灌体系，及时清沟沥水，防治渍水沤根等。选择地下水位低、土壤排水性良好的地段；前茬作物收获后，及时、彻底清除田间的病残体，集中深埋或烧毁；深翻土壤，整平畦面，开好排水沟；选用抗病或脱毒良种，实行水旱轮作或与非葱类作物2年以上轮作；种子消毒，做到适时播种，合理密植，施足有机基肥，适时追磷钾肥，增强植株抗病能力；及时中耕除草，雨季注意清沟排水，发病后控制灌水，以防病情加重；经常田间检查，及时发现中心病株拔除深埋等。以上农业措施能有效降低病虫草害数量。

（三）物理机械防治

物理机械防治是指利用各种物理因子、机械设备以及多种现代化工具防治病虫杂草，控制其危害的一类方法。利用热力、冷冻、干燥、电磁波、超声波等手段抑制、钝化或杀死病原物，达到防治病害的目的；利用人工和简单机械捕杀、温度控制、诱杀、隔阻等消灭害虫；利用火焰、高温、电力、辐射等手段杀灭杂草。物理机械防治是有机农业生产中病虫草害防治最有效的方法之一。这种方法具有简单方便、经济有效、副作用少的优点。

生产上根据病虫害的特点，合理选用物理机械防治方法，常见的方法有覆盖隔离、诱杀、热处理等。

1. 覆盖隔离

利用防虫网设置屏障阻断害虫侵袭；利用畦面覆盖可阻挡土中害虫和病原物向地面扩散传播，并能控制杂草出土。

2. 诱杀

利用光、色、味引诱害虫，进行抓捕和诱杀。如灯光诱杀、色板诱杀、气味诱杀、色膜驱避等。

（1）灯光诱杀 利用昆虫对紫外光具有较强的趋光特性，引诱害虫扑向灯的光源，光源外配置高压击杀网，杀死害虫，达到杀灭害虫的目的。

（2）色板诱杀　利用害虫对颜色的趋性进行诱杀。在高于藠头苗的适当位置，每 $30\sim50m^2$ 放置规格为 $20cm\times20cm$ 的色板 1 块，板上涂抹机油等黏液，黄板诱杀黄色趋性的害虫如蚜虫、粉虱、斑潜蝇等，蓝板诱杀蓝色趋性的蓟马等害虫。

（3）气味诱杀　利用害虫喜欢的气味来引诱，并捕杀。如用糖醋液诱杀葱蛆成虫，糖醋液（糖∶醋∶水＝1∶2∶2.5）加少量敌百虫拌匀，倒入放有锯末的容器中置于田间，每亩地放 $3\sim4$ 盆；糖醋酒液诱杀甜菜夜蛾成虫，将糖醋酒液（糖∶醋∶酒∶水∶敌百虫＝3∶3∶1∶10∶0.5）装入直径 $20\sim30cm$ 的盆中放到田间，每亩地放 $3\sim4$ 盆。

也可用性诱剂进行性激素诱杀。

（4）色膜驱避　蚜虫对银灰色具有负趋性，张挂银灰色的薄膜条或在地面覆盖银灰色的地膜等，有利于驱避蚜虫。

3. 热处理

利用高温盖膜闷土可杀死土壤病菌、害虫与杂草；采用温汤浸种如用 50℃ 温水浸 25min 即用冷水冷却后晾干播种，可杀灭种子中的虫卵、幼虫或病菌；利用脱毒技术可有效地减少病毒病的发生等。

（四）生物防治

生物防治是指利用有害生物的天敌和动植物产品或代谢物对有害生物进行调节、控制，将农业生产的经济损失减少到最低限度的一种方法，包括保护自然天敌，人工繁殖释放、引进天敌，病原微生物及其代谢产物的利用，植物源农药的利用，以及其它有益生物的利用。为逐步实现藠头标准化生产病虫草害综合防治安全化、绿色化、有机化，生物防治将显得越来越重要。

1. 措施

（1）充分利用植物自身特性　选用抗（耐）病虫品种是防治植物病虫害最为经济有效的措施。如脱毒种苗繁育技术是防治病毒病的有效方法。

（2）利用生物因子　利用寄生性生物、捕食性生物、病原微生物等生物因子防治病虫害。

（3）利用生物农药　生物农药是指利用生物活体或其代谢产物，以及通过仿生合成的具有特异作用的农药制剂。包括微生物农药、农用抗生素、植物源农药、动物源农药和新型生物农药等几大类。

2. 病虫草害生物防治

（1）虫害的生物防治　主要是以虫（捕食性和寄生性昆虫）治虫、以微生物（真菌、细菌和病毒）治虫以及其它动物（蛙、鸟）治虫。例如保护和利用蜘蛛等天敌防治害虫；采用浏阳霉素等生物农药防治根螨。又如抗生素类杀虫剂，主要有阿维菌素类；细菌类杀虫剂，主要是苏云金杆菌生物农药；以及植物源杀虫剂，如苦参素等。

（2）病害的生物防治　用植物病害拮抗微生物和农用抗生素防治植物病害。如抗生素类杀菌剂，主要有嘧啶核苷类抗菌素、硫酸链霉素、木霉素等。

（3）草害的生物防治　指利用寄生范围单一的植食性动物及植物病原微生物等，将杂草种群控制在经济损失水平以下，包括以虫治草和微生物治草两种。

（五）化学防治

根据薤头病虫草害的发生规律和经济阈值，可适当采取化学防治，科学合理使用化学农药直接杀死或抑制病虫草害发生、发展，将病虫草害控制在不造成经济损失的水平内。根据病虫草害综合防治原则，化学防治是在考虑其它防治难以控制其危害的情况下，才应用的措施。它的使用能对病菌、害虫、杂草种群密度起到暂时的调节作用。由于防控技术水平的局限，化学防治仍是当前最常用的防治手段。但是，化学防治要严格按照无公害、绿色或有机标准化生产农药使用准则，选用高效、低毒、低残留农药，不得使用蔬菜禁用、剧毒、高毒、高残留或具三致毒性的农药，按照农药操作规程，及时用药防治，并严格按安全间隔期用药，确保生产无公害、绿色、有机薤头产品。

四、薤头主要病虫草害综合防控技术

综合防治包括防治对象的综合与防治措施的综合，注意防治措施的综合与协调并不等于各种防治措施机械相加，也不是防治措施越多越好，而应当根据具体的农田生态系统的实际情况，有针对性地选择必要的防治措施，有机地结合。

1. 实行合理轮作

大力推行轮作制度，采用水旱轮作，与非百合科作物轮作，例如与水稻、大白菜等作物轮作，以进一步改善土壤质地，减少土壤中危害薤头的病菌、虫卵与杂草基数，并提高薤地综合效益。对于薤头种植面积大而无法轮作的薤地，采用烤伏土和每亩撒施石灰 $100\sim150kg$ 的方法进行土壤处理。改变高岸稻田种植方式，扩种薤头，采取薤头配单季稻的合理种植模式。

2. 选用抗性良种

① 一般选用健壮无病虫草的薤头鳞茎留种。采收时逐行挖出鳞茎，尽量减少损伤。

② 规范引种制度　各薤头主产区要通过以协会或其它组织形式，有计划地组织农户到外地引进无病虫草害的优质高产多抗良种，改变薤农自发无序的引种习惯。

③ 建立薤头种苗繁育基地　按优质良种繁育程序选育高产抗性的品种和优势地方的良种进行提纯复壮，推进薤头品种更新。有条件地区可进行薤头脱毒快繁育种，因地制宜选抗病、耐病品种。

3. 做好种苗、土壤消毒

（1）播种前薤种消毒　带病鳞茎不能作种。薤头种苗贮存前，趁晴天晒种 2～3d，晾干鳞茎表皮水分，再用 80％敌敌畏乳油 500 倍液喷施拌种闷种 3d 左右，然后置于干燥阴凉处贮存；薤头播种前用 90％敌百虫晶体 800 倍液＋75％百菌清可湿性粉剂 600 倍液喷施拌种后 1～2d 播种，也可用 50℃温水浸泡 25min，冷却后晾干待播；也可采用 25％多菌灵可湿性粉剂 2000 倍液浸种，或用 2.5％咯菌腈（施乐时）2000 倍液喷施种苗。

（2）播种前土壤消毒　一般在播种前 15d 左右进行，每亩用石灰 200～250kg，先将床土耙松，用 70％甲基硫菌灵 800～1000 倍液均匀浇于床面。有条件的地方，可用塑料薄膜盖 4d 左右，然后松土播种。播种时期以 9 月上、中旬为宜。

4. 加强栽培管理

选择地势高燥的田块种植，低田实行高畦或高垄栽培，并做到畦沟、腰沟和围沟配套。整地要求土肥均匀，表土平整。重施基肥，增施有机肥，一般多施腐熟有机肥作底肥，每亩施土杂肥和人畜粪 1500kg 左右、薤头专用复合肥 50～60kg 或 45％含硫复合肥 80kg，均匀施入土壤耕作层，坚持适氮高磷钾用肥，多种营养元素平衡施肥。沟播薤柄角度保持适当并合理密植。及时清洁田园，防除田间杂草，薤苗出土后，要结合中耕除草及时松土追肥，保持土壤疏松通气。播种后 20d 左右追施提苗肥，宜采用腐熟人粪尿兑水 10 倍浇施。冬至前 10d 左右及时追施腊肥，一般每亩施腐熟的人畜粪 1000kg 左右。3 月初，薤头进入旺盛生长和鳞茎形成期，需肥量大，一般亩施尿素 10kg（或碳酸氢铵 30kg）、硫酸钾 15kg。每次施肥时要浅松土勤锄草，后期需浅培土，以防薤头鳞茎露出地面，避免日晒变绿而影响品质。薤头怕渍又怕旱，雨季要注意清沟排水降湿，防止地下根茎腐烂和诱发病害；久旱时，特别是冬旱时要注意浇水，促进薤苗出土和正常生长。

5. 保护利用天敌

为了减小薤头因病虫害造成的损失，提高薤头产量和品质，降低农药残留，使薤头达到无公害农产品的要求，在薤头病虫草害的防治上，必须以农业和生物防治为主，以高效低毒低残留药剂防治为辅，以利于蜘蛛等天敌的保护。天敌的保护措施是：在薤头成熟收获后，薤头田灌水翻耕种植单季晚稻前，于田埂上放置草堆以便蜘蛛等天敌顺利迁移，实现种群数量安全转移。田埂放置草堆的田块，5d 后调查，蜘蛛种群安全转移率可达 85.7％。另外，薤头田免耕种植大白菜等蔬菜，更有利于蜘蛛种群的发展。

6.及时喷药保护

认真做好病虫草害调查，掌握病虫草害发生动态和规律，确定防治时期，做到适时用药防治。病害在发病初期出现病株时要及时施药，每隔 7～10d 喷施 1 次，连续喷施 2～3 次，重点控制中心病株的发展和蔓延。根据无公害、绿色或有机薤头标准化生产农药使用准则，严格控制剧毒农药在薤头上使用，推广应用生物制剂和选用高效、低毒、低残留对口农药。防治霜霉病可用 53％精甲霜·锰锌可湿性粉剂 800 倍液，或 25％甲霜灵可湿性粉剂 700 倍液喷雾；防治基腐病可用 77％氢氧化铜可湿性粉剂 600 倍液或农用链霉素 400 倍液浇灌；防治紫斑病可用 75％百菌清（达科宁）可湿性粉剂 600 倍液或 64％噁霜·锰锌 500 倍液喷雾。防治葱蓟马可用 25％噻虫嗪（阿克泰）水分散粒剂兑水 50kg 喷雾；防治韭蛆每亩可用 2.5％高效氯氟氰菊酯乳油 30mL 兑水 50kg 浇灌；防治蚜虫每亩可选用吡虫啉系列 10～20g 兑水 50kg 喷雾，根螨选用辛硫磷、炔螨特等浇灌。在杂草防除上，前期一般掌握在薤头播种后 5～10d，每亩用 96％精异丙甲草胺乳油 60mL 兑水 60kg 喷雾于土表，可保持药后 50d 无杂草生长；中、后期结合中耕培土进行人工除草。

总之应加强预测预报，及时进行化学防治。具体防治方法见表 4-1。

表 4-1　薤头主要病虫草害化学防治方法

病虫草害名称	防治适期	农药种类（可选农药）及剂型	使用浓度	使用方法	每年使用次数	安全间隔期/d
霜霉病	3 月中旬～4 月发病菀率 5％～10％	58％甲霜·锰锌可湿性粉剂 72％霜脲·锰锌可湿性粉剂	600 倍 800 倍	喷雾	1～2	15
紫斑病	发病初期	70％代森锰锌可湿性粉剂 64％噁霜·锰锌可湿性粉剂	500 倍 500 倍	喷雾	2～3	15
炭疽病	发病初期	80％福·福锌可湿性粉剂 50％甲基硫菌灵可湿性粉剂	500 倍 500 倍	喷雾	1～2	15
根腐病	发病初期	70％代森锰锌可湿性粉剂 80％代森锰锌可湿性粉剂	800 倍 1000 倍	浇菀	2～3	15
软腐病	4～5 月发病始期	77％氢氧化铜可湿性粉剂 72％农用链霉素	500 倍 4000 倍	喷洒、淋菀喷雾	1～2	3
病毒病及蚜虫	发病始期	10％吡虫啉可湿性粉剂 25％吡蚜酮可湿性粉剂	1000 倍 1000 倍	喷雾	1～2	15
地蛆及韭蛆	幼虫盛孵末期 幼虫始盛期	2.5％溴氰菊酯乳油 90％敌百虫晶体	3000 倍 1000 倍	灌菀	1～2	10
葱蓟马	4～5 月幼虫发生盛期	50％辛硫磷乳油 25％噻虫嗪水分散粒剂	1000 倍 2000 倍	喷雾	1～2	15
根螨	幼螨盛孵期	50％辛硫磷乳油 1.8％阿维菌素乳油	1000 倍 1500 倍	喷雾并灌根	1～2	14

病虫草害名称	防治适期	农药种类（可选农药）及剂型	使用浓度	使用方法	每年使用次数	安全间隔期/d
根瘤线虫	早发早防	50%辛硫磷乳油 1.8%阿维菌素乳油	1000倍 2000倍	喷雾	2～3	15
杂草	苗前	96%精异丙甲草胺乳油 33%二甲戊灵乳油	120mL/亩 150mL/亩	喷雾	1	—
	苗后	10.8%高效氟吡甲禾灵乳油（杀禾本科草） 20%氯氟吡氧乙酸乳油（杀阔叶杂草）	40mL/亩 50mL/亩	喷雾	1 1	—

注：农药是一种特殊商品，其技术性和区域性较强；同时，各地病虫草害发生差异较大，环境条件各不相同，防治方法要因地制宜，书中内容仅供参考。

第五章

藠头标准化采收与贮存保鲜技术

第一节　藠头标准化采收技术

采收是藠头生产的最后环节，是藠头鲜销、加工、种用的最初一环，决定采收后藠头产品的质量，直接影响藠头鲜销、加工与种用品质。需根据藠头生长情况（成熟度）、与市场距离、市场藠头供应情况、采后处理设施条件、生产目的等因素进行适时、适法采收。藠头采收的总原则是适时采收，产品无伤，减少损耗，保质保量。

一、藠头采收技术

藠头成熟后即可陆续采收。但因藠头用途不同，收获期有所区别。鲜食藠头吃叶和鳞茎，收获应适当提早，可在冬前分蘖期后根据市场行情开始陆续上市；加工用藠头使用鳞茎，宜在 6 月上旬末至中旬鳞茎已充分膨大，只有单芯（鳞芽）时收获为佳；留种用藠头在地里越夏，宜在 8 月底至 9 月初收获。而菜用小根蒜宜在营养物质含量高的苗期、抽薹初期进行采收，加工用在鳞茎已充分膨大的抽薹初期收获较好，此时鳞茎脆嫩品质好，抽薹后鳞茎质硬，营养转移消耗变小。不同用途的藠头具体采收时间、方法和质量要求也不尽相同。

（一）鲜食藠头采收

藠头作为蔬菜以嫩叶和鳞茎供食用，按食用部位可分为头藠和菜藠。头藠叶较少，以鳞茎供食用；菜藠叶较多，鳞茎细小以食叶和鳞茎为主。例如南藠鳞茎大而圆，多以头藠上市；丝藠鳞茎小而长，以菜藠上市；长柄藠藠柄长、白而嫩、品质好，前期以整株叶和鳞茎供食用，后期叶老化后吃鳞茎，属菜薤头薤兼用型。

1. 采收时间与方法

以叶和鳞茎供食用的可随时采收；以鳞茎供食用的待叶子开始转黄时至萌芽前采收。

（1）菜薤　作带叶鲜食用的薤头，在大寒至次年清明期间即 11 月～翌年 4 月可陆续采收，此时叶片充分长成，质地鲜嫩。采收时整株挖起，割去根系后清洗干净，连叶带鳞茎一起上市。以净菜薤头供应市场。

（2）头薤　以鳞茎鲜食薤头采收应在大部分鳞茎膨大最大时（4 月）开始，此时薤叶老化粗糙不宜食用，以采收鳞茎供应市场，可采收至鳞茎萌芽前（10 月）。

2. 鲜食薤头质量标准

（1）菜薤　鳞茎粗大、肥壮、洁白，薤株无泥沙、无杂物、无枯黄叶，切去须根和割去部分管状叶，白色鳞茎应占 40% 以上。

（2）头薤　鳞茎健壮、洁白，肉质肥厚、紧密，不带泥沙、不带茎叶（茎白以上的管状叶），不带须根。

（二）加工薤头采收

加工薤头采收的季节性较强，收获期集中。收获期不但影响薤头的产量和质量，适期收获对提高薤头产量、改善品质、增加加工性和商品性具有重要作用。过早采收，鳞茎小且肉质不致密，影响产量和品质；收获过迟鳞茎易开裂形成多芯，影响加工品质。

1. 采收时间与方法

加工用的薤头采收期一般在 6 月上中旬，地上部叶子约 20%～30% 枯黄，薤头鳞茎充分成熟时即可收获。采收时，土质疏松地块将薤头连叶一并拔起，抖掉泥土，在离鳞茎 3～4cm 处割掉薤柄以上绿叶；土质较紧地块应尽量减少损伤逐行挖出鳞茎，先拆蔸，刈除枯叶并剪去适量须根，然后按加工原料质量要求进行整理。整理后及时交售订单加工单位。注意采收至原料腌制不能超过 48h。

2. 加工薤头质量标准

加工用的鲜薤采收期为 6 月上中旬。采收后至原料收购不得超过 24h。加工原料应来源于县级以上农业、质量技术监督部门确定并备案的种植基地或具备农药残留检测合格证明或按无公害、绿色、有机食品产地环境条件规定进行评估合格的种植基地。

（1）鲜薤头质量标准　加工用鲜薤，产地环境应符合相应的无公害、绿色、有机产品标准的规定。感官要求应符合表 5-1 的要求。

表 5-1 鲜薤头感官要求

项目	指标
外观	颗粒完整,柄长 15~25mm,横径 10~30mm,无病斑,无虫斑,无须根,无青头烂果,无机械损伤
色泽	鳞茎呈白色或黄白色,表面光泽
气味	具有该品种固有的气味与滋味,无异味
组织结构	组织紧密,肉质脆嫩,单芯
杂质	无肉眼可见的泥沙和其它动植物残体

(2)检验方法 取样于洁净的白瓷盘中,在光线明亮处用目测、鼻嗅、品尝的方法,鉴定其外观、色泽、组织形态及杂质、气味与滋味,并按 GB/T 10221—2012《感观分析 术语》规定描述。组织紧密程度采用盛水容器目测沉降深度进行鉴别。薤头经清洗后在盛水容器中 80% 以上的颗粒沉降在容器中下部为一级品原料,沙性偏重的土壤栽培的薤头 80% 左右的颗粒漂浮在容器中上部水层。

如出口日本加工的薤头农药残留一般遵循日本食品卫生法(肯定列表制)农残限量名单及指标,按 NY/T 761—2008 和 GB/T 5009 的规定进行测定。

(三)种用薤头采收

采收时应留足种薤供下一个生产季节使用,1 亩留种田根据薤头每蔸分蘖鳞茎数和质量不同,可供栽大田 4~8 亩,也可通过估算每亩产量与每亩用种量测算留种数量。

1. 采收时间与方法

作留种用的薤头采收根据室内贮种和存园留种的留种方法不同而不同。

(1)室内贮种薤头 6 月底至 7 月,由于盛夏来临,气温较高,或种薤地需改种其它作物,需采用室内贮种,收挖期为 6 月 25 日~6 月 30 日,选择大小适中、无病虫、无伤口、无烂根的鳞茎,先晒 1~2d,待薤种表面干爽,再摊放在通风阴凉干燥场所贮存,其厚度不超过 20cm,上面覆盖 2cm 细沙土或黄土至播种时。

(2)存园留种薤头 田间留种可留至 8 月底至 9 月初或播种前才采收,以便鳞茎充分膨大。注意进入盛夏后,留种地适当保留一定密度的杂草既有利于薤地保湿,也可避免日照直射薤地,灼伤薤种。8 月底至 9 月初播种时,先拔除种薤地杂草,再采用盘蔸抖泥法收挖薤种,选大中型鳞茎栽植。

也可在 8 月,待地上部枯萎后,挖起,捆扎成束,晾挂于屋檐等通风处,或堆放在室内阁楼板上(堆放厚度不宜超过 20cm)。

2. 种薤质量标准

在薤头收获时选无病虫害、生长良好、具有品种特征的植株留种,选留种质量要求:

① 符合品种典型性状，植株长势中等。

② 分蘖中等，丰产性好。

③ 薤头形状符合生产所需标准，薤头粗壮，白色，品质细嫩。

④ 无病虫害。

(四) 注意事项

1. 采前准备

主要查看是否过了使用农药、肥料的安全间隔期，有条件的可用速测卡（纸）或仪器进行农残检测。采前一周内避免灌水，方便采收。

2. 采收适期

根据薤头生长情况、成熟度、与市场距离、市场薤头供应情况、采后处理设施条件等因素以及生产目的，适时进行采收。

3. 采收质量

采收者需剪短指甲或戴手套，以免划伤产品；采收容器要有衬垫，避免受伤，鲜食的薤头用撮箕或箩筐，加工薤头最好用周转箱装，纤维袋装易造成压伤；采集的薤头要轻拿轻放，切忌乱扔。

4. 采收天气

数量不多时应现挖现卖，一般阴雨天、露水未干、浓雾天气、大霜冰冻天气不宜采收；阳光照射强烈时（大晴天中午 12 时至下午 3 时）不宜采收，不利于农事操作且影响品质。

总之，薤头容易受伤、腐烂、失水萎蔫，采收环节非常重要，良好的采收操作能提供优质的原料。

二、薤头采后商品化处理技术

薤头销售，通常情况下多采用透明塑料袋、网袋、纤维袋、竹篓、箩筐盛装或散堆等，以"统货"为主。未经专门的商品化处理，薤头大小不均而杂乱，薤叶无光泽、不整洁，大大降低了薤头的商品价值，削弱了薤头在市场上的竞争力，特别是在丰产年，极易出现丰产不丰收的滞销现象。为争夺销售市场，主要措施就是对薤头采后进行商品化处理，可使薤头清洁、整齐、美观，方便包装，达到标准化、规格化、商品化，也便于贮运、销售和管理。为进一步提高其商品价值或附加值，对薤头进行商品化处理显得越来越重要。

薤头采后商品化处理是薤头从生产者到消费者之间一个重要环节。薤头用途不同，采后商品化处理技术也不尽相同。

鲜食薤头商品化处理主要流程：适时采收→整理（初选、粗包装）→预冷→清洗（水洗、沥干）→修整→分级→包装→贮运→上货架→副产品处理。

加工藠头商品化处理主要流程：适时采收→整理（初选、粗包装）→运输→加工厂（验收→清洗→盐渍→修整→分级→商品包装）。

（一）采收

严格按照藠头采收标准，对鲜销、加工、种用等不同用途藠头进行适时收获。首先产品收获时要达到感官要求，如色泽、外形、成熟度（生长期）等；其次收获工具、收获人要清洁卫生，避免二次污染；再次收获时要仔细、认真、轻拿轻放，避免损伤。并将采收好的藠头放在已消毒的塑箱里。

（二）整理

藠头整理包括初选和粗包装。为了提高藠头产品的分级质量和便于贮运，藠头从田间采挖后，在采收现场（藠田）一般一边整理一边装入周转箱（筐）或袋。整理的目的主要是剔除畸形、病虫为害、机械损伤的藠头以及泥土杂物和干枯损坏的鳞茎叶片。通过整理使藠头干净整齐，鳞茎白而长，还可使藠头种植者了解所种藠头的质量，藠田内的病虫害动态及每天的采挖质量，对藠头的等级做到心中有数；同时，减少精选分级的工作量，剔出的各种等级外藠头也便于及时处理，以减少以后的工作压力。

（三）预冷与清洗

1. 预冷

预冷必须在产地采后立即进行，迅速除去藠头的田间热，降低菜体温度，降低藠头的呼吸强度，由此来抑制微生物生长，延缓藠头内部的新陈代谢，保持藠头的新鲜状态。藠头冬春季节采收，一般气温较低，一般结合清洗时采用水预冷，浸水、流水、淋水方式均可，不需另外预冷。如果采收天气温度过高，除采收后藠头结合清洗用水预冷外，净菜藠头生产基地需要建有小型调温库房，用于加工和净菜藠头包装后短期储存，最佳设置温度为4～10℃，此温度下净菜藠头包装袋内不结露水，品质可得到较长时间保持。

2. 清洗

直接鲜销或加工藠头需要进行清洗处理。

（1）清洗目的　采用浸泡、冲洗、喷淋等方式水洗，除去粘附着的泥沙、农药、肥料等污物，使之清洁美观增加光泽；减少病菌和农药残留，使之清洁卫生，符合商品要求和卫生标准，提高商品价值。

（2）清洗方法　不同用途的藠头清洗方法不同，菜藠、头藠、加工藠可采用浸水、流水、淋水法单一或先浸再淋相结合的方式，加工藠还可采用机械滚动（筒）

自转加自来水冲洗的方法。种用薤不用清洗只需晒一下除去表面大部分泥沙即可。净菜薤头采收后进行清洗，清洗后应尽快使菜薤和头薤晾干或风吹干表面水分；加工薤头在采收当天清洗沥干水后可直接进腌渍池腌渍。注意手工清洗时操作人员应戴软质手套，手工清洗或机械清洗均不得擦伤薤头。在薤头不太脏的情况下，用清水清洗即可达到目的；而薤头较脏时，清水中须加入清洗剂才能达到理想效果。注意清洗使用的洗涤水一定要干净卫生，还可加入适量的杀菌剂，如次氯酸钠等。

（四）修整

严格按照销售产品要求进行加工处理。

1. 净菜薤头修整

净菜薤头在清洗后分级前需要进行修整，采取菜薤进行去根扎把割尾（植株长30cm左右）、头薤进行去根去粗老皮剪茎等处理。剔除黄叶、老叶、根等不宜作商品的多余组织器官，使薤头更加美观、干净，便于分级、包装。

2. 腌制品薤头修整

腌制品薤头修整是在薤头清洗、盐渍腌制成熟后进行两切作业处理。方法详见第六章薤头标准化加工技术。

（五）分级

由于薤头产品其个体间的质量、大小、长短、粗细、直径等数量指标有差异，为了确定商品质量标准，方便制订价格进行流通，可按上述指标划分等级标准。在收购和加工出口薤头时，一定按照市场销售要求或进口国的标准进行分级，特别是出口产品，除了上述可度量的指标，还有一些感观、理化指标作为划分商品等级的指标。净菜薤头分级在整理清洗后、捆扎、包装时进行；加工薤头分级在腌渍后结合半成品修整时进行（详见盐渍薤头加工）。分级工作很重要，严格按照规定分级，才能确保产品的质量和商品率。分级条件擅自提高，可能增加等级外废品率，影响经济效益；分级条件降低，则产品质量降低。

（六）包装

粗包装用的周转箱、纤维袋、网袋等包装容器应保持干燥、清洁、无污染。包装箱（筐）要求大小一致、牢固，内壁及外表平整，木箱、竹篾缝宽适当、均匀。商品包装则按不同品种、不同规格分别包装，大件包装的净含量每件不超过10kg为好，误差不超过2%。每一包装上应标明产品名称、产品标准编号、商标、生产单位名称、详细地址、规格、净含量和包装日期等，标识上字迹清晰、完整、准确。注意每件包装的大小以方便贮运，以避免相互挤压和污染为标准，包装材料应使用环保材料，防止二次污染。气温高时，条件好的包装车间温度应控制在5～8℃。

1. 净菜薤头包装

菜薤收获整理，用撮箕、箩筐盛装，方便水洗。清洗修整分级后晾干表面水分，然后用鲜艳的丝带绑成束，一般每250～500g绑成一束，一般人工完成或由自动结束机完成，每10～15束放入1个塑料袋中，每4～6袋再放入1个包装纸箱（钙塑箱、木箱、周转箱）。不同等级的薤头分别包装。注意为防止薤头脱水萎蔫，需要采用塑料薄膜包装，但塑料薄膜袋装前又要晾干表面水防腐败。

2. 加工薤头包装

加工用薤头收获后可用网袋、编织袋、筐、周转箱等盛装。包装容器要求清洁、干燥、牢固、透气，无异味，内部无尖突物，外部无尖刺，无虫蛀、腐烂、霉变现象。加工产品的包装，应符合销售市场和进口国要求，而且每批报验的薤头，包装规格、单位重量须一致。

（七）贮运

塑料袋包装、5～10℃低温下保存是薤头短期储存和运输的理想条件。按照无公害农产品、绿色食品、有机食品贮存运输要求，薤头采收后应就地整理并及时加工或送交订货单位，避免日晒变绿或抽薹，严重影响薤头品质。

1. 贮存

采收后、包装后出库前和上货架等短期贮存，应在阴凉、通风、清洁、卫生条件下，按品种、规格分别包装、堆码，保持通风散热，控制适当温湿度。贮存库内，菜体温度应保持在4～10℃，空气相对湿度保持在85％～90％。

2. 运输

净菜薤头采收一般在冬春，如果在气温不太高时运输，可收获后迅速冷水清洗预冷晾干，晚上清晨低温时运输。如果气温较高时，有条件的最好采用5～8℃的冷链贮运方式，没有冷链贮运条件的要尽可能选择最佳贮运方式，尽可能减少贮运时间，保持产品新鲜。

注意贮存场所、运输工具应清洁、卫生、无污染、无杂物，即不得与有毒、有害、有腐蚀性、易发霉、有异味的物品混存混放、混装混运。装运时，做到轻装轻卸，严防机械损伤。产品暂存应在避光、干燥和有防潮设施的地方。同时在运输和销售过程中要注意防冻，防热，防日晒、雨淋，注意通风。总之，应采取必要的防范措施，防患于未然。

（八）上货架

薤头在销售过程中，通过综合技术延长货架寿命，防止环境条件的改变造成腐烂和质量变劣。应做到以下几点：

① 尽量提供其最适宜的贮藏环境条件。特别当气温回升较大时，要保证适宜的温度条件。

② 摆放在阴凉处，防止暴晒、雨淋。避免萎蔫腐烂。

③ 大包装不要太密闭，以避免因缺氧而使藠头风味异变。

④ 塑料袋装上货架，能减少销售环境中湿度太低造成的萎蔫，保持新鲜。

⑤ 从库房到上货架的运输搬运过程中要避免藠头的压伤或碰伤。

（九）副产品处理

剪去的藠苗、藠根等副产品应收集、堆沤作肥料，不得作藠头肥料，不得乱堆乱弃。

第二节 藠头标准化贮存保鲜技术

藠头含水量高，易腐烂、失水、黄化、萎蔫，耐贮藏性能较差，不易贮藏保鲜，这给藠头采收之后的鲜销、加工和商品化带来很多问题，使得藠头的鲜销与鲜藠加工期较短，损耗较重，影响其附加值的提高。因此，采用适宜的贮存保鲜技术适当延长藠头货架期、鲜藠加工期和种藠贮存质量，对于藠头产业的发展具有积极的推动作用。

一、藠头贮存保鲜基本原理

藠头贮存是利用采后生理学的原理，通过延缓藠头商品的衰老、防止其腐烂变质，来达到延长供应期从而保鲜增值的目的。藠头采收后虽然脱离了土壤，但仍然是有生命活动的机体，藠头贮存保鲜一是要保持藠头正常的生命活力，依靠生命过程中所特有的新陈代谢作用对抗不良环境和致病微生物的侵害；二是要使藠头的生理代谢活动处于较缓慢的状态，以延迟机体衰老，减少有机物质损耗和品质下降；三是要防止由微生物活动引起的变化和腐烂；四是防止失水萎蔫，保持藠头鲜嫩。所以，藠头的贮存保鲜就是利用物理、化学或生物的方法来降低藠头采收后的代谢强度，延缓生理衰老，减少腐烂，从而达到延长存放时间、保持较高的营养品质、维持其良好外观以满足市场需求的目的。

二、藠头贮存保鲜技术

藠头的贮存要考虑藠头本身的特性和用途，而藠头的采后用途主要是鲜食、加工、种用等，藠头不需要长期贮存，只需要短期贮存、周转、流通保鲜。在鲜食藠头贮存、加工藠头贮运、种用贮存中主要目的是最大限度地保持其新鲜度。目前用于果蔬贮存保鲜的技术很多，包括常温简易贮存、低温贮存、气调贮存、减压贮存、物理保鲜、生物保鲜等。以上各种处理不是一成不变的，各贮存方式之间是相互联系、相互弥补的。如气调贮存前，结合化学药剂处理，可收到增效效果。塑料袋密封贮存如不注意降温与气体成分调节，将会使藠头温度过高、缺氧，造成腐烂。特别要注意的是，所有贮存方式都是以降低环境温度为前提，如温度过高，用化学药剂处理、薄膜密封或气体调节都将失去作用，搞不好反而会加速腐烂变质。因此，在贮存时一定要尽可能降低环境温度，然后进行相应的药剂处理，最后再进行气体调节。而且，收获季节不同，气候条件也不同，由于气温影响其贮存方式也可不同，生产上注意灵活运用。

（一）藠头贮存特性

加工用鲜藠采后白色的鳞茎暴露于空气和光照条件下，会形成较多叶绿素或花青素，使藠头鳞茎表皮变绿或发红，使加工商品价值大为降低；鲜食藠头采回后不及时进行处理，易出现生理衰老和失水，或腐烂变质；种藠贮存不好易干瘪或腐烂。为了保证藠头鲜销、加工和种用的质量标准，藠头采收后，及时做好贮存工作，是保持藠头品质的重要措施之一。菜藠易失水凋萎，宜快运鲜销；种藠可在通风保湿、低温条件下堆放或带叶捆束、挂藏；加工用藠头采用盐渍制成盐坯来较长期贮藏保存。

（二）鲜食藠头保鲜贮存技术

鲜食藠头贮存可分加工前藠头原料的贮存保鲜和加工后净菜藠头的贮存保鲜。原料与产品不同，保鲜贮存方式也可不同。特别是注意产品净菜藠头常采用维持藠头最低生命活动的保存方法。由于净菜藠头仍为活的有机体，并且由于去根、去粗老皮、去部分叶等加工处理过程，使其衰老变质速度比新鲜完整藠头更快，因此，加工处理后的净菜藠头，必须置于适宜的低温、低氧及高二氧化碳气调环境中，以抑制产品的呼吸作用等代谢活动，减少物质消耗，延缓衰老和抑制组织褐变的发生，抑制微生物的生长，从而延长净菜的保鲜期。这便是延长净菜藠头货架期的关键技术措施。

1. 简易贮存

（1）田间贮存法　藠头生长成熟后可留在地里不挖，使其在田中贮存，以后根据市场情况，随挖随售鲜食藠头。但需注意加强田间管理，开好排水沟防止藠头腐烂变质；培好土避免藠头受冻和出现青藠头。

（2）泥土埋存法　藠头收获后立即埋藏于室内或室外露地进行贮存的一种方

法。在室（棚）内埋藏时，应先用砖或木板等围建埋藏坑，如是头藠则一层泥土、一层藠头，叠放3～4层，最后再覆盖一层3cm厚的泥土；如是菜藠则先铺上较厚一层泥土，然后根朝下、叶朝上摆一排，加上泥土覆盖鳞茎即可，再摆一排，依次进行。贮存用土要细软带潮，手握不成团，也可用细沙作为贮存用土，湿度以手握成团松开即散为宜。如此泥沙与藠头相间，既有利于藠头呼吸，又可保湿防失水。

在室外露地埋藏时，应选择地势高、背风避光处，方法同上。注意四周要挖排水沟，以防积水。大雨天要及时遮盖，大晴天适量洒水保湿，冰冻天气加盖干稻草防冻等。

2. 低温贮存

藠头采收一般在冬春低温季节，如遇高温天气，鲜食藠头需要进行低温保鲜。低温可抑制藠头的呼吸作用和酶的活性，降低各种生理生化反应速度，延缓衰老和抑制褐变；同时也抑制微生物的活动。环境温度愈低，藠头的生命活动进行得就缓慢，营养素消耗亦少，保鲜效果愈好。当温度降低到某一程度时会发生冷害，即代谢失调、形成水渍状溃烂等，保鲜期反而缩短。因此，鲜食藠头在4～8℃的低温下贮存保鲜，在保持品质的基础上，可延长保鲜期，但保存时间不宜过长。

藠头有其特定贮存条件，贮存的适宜温度4～8℃，贮存的适宜湿度为70％～75％。保鲜贮存环境应在4℃左右，低于0℃和高于10℃为不适环境，保质期大为缩短。因为冻害后细胞易被破坏渗透出水，因此应注意在贮存、运输时防变温。例如日本市场上的保鲜藠头，农民当天加工净菜，当天投售，通过飞机、新干线运往全国。从采收到消费者手中的时间，基本不会超过30h，保鲜程度高。藠果保鲜不通过任何化学技术方式，在0～5℃贮藏30d以上，可达到藠头不长芽，不发青、发红，不腐烂，切口不干萎，无异味等品质标准。

3. 气调贮存

藠头可利用气调室、薄膜套帐或薄膜袋包装进行贮存，生产上常用薄膜袋包装。把藠头的黄叶粗皮摘除，藠头洗净晾干，放进塑料袋内，把袋口扎紧，置于阴凉干燥之处，依靠产品自身的呼吸作用消耗氧气，并释放二氧化碳，同时利用薄膜对氧气和二氧化碳具有一定渗透性的特点，使包装袋内维持适宜的低氧和高二氧化碳浓度，从而抑制产品的呼吸作用和酶活性，延长净菜蔬菜的货架期。由于净菜藠头切割后呼吸强度大，在选用透气率过小的聚乙烯薄膜密封包装时，很容易发生缺氧呼吸，遇上气温高、湿度大时更会加速腐烂变质。为了避免这种现象的发生，可在包装材料上打一定数量及一定大小的小孔或包装时留一定的开口，也可选择有一定透气性的包装材料。因此对净菜藠头生产中的包装，要满足保证产品良好质量并具有一定货架期的要求，一般中低温结合自发气调包装能达到较理想的效果。

注意鲜食藠头贮存要用保鲜袋防萎蔫干瘪，但又要将藠头充分晾干表面水分，防袋内湿度过高腐烂。

（三）加工藠头保鲜贮运技术

加工用鲜藠头一般盐渍后以半成品保存（详见第六章盐渍藠头加工），因此，在原料收购、运输、暂存过程中，应特别注意加工用鲜藠的质量要求而采取保鲜贮运。

① 若用于加工成盐渍藠头，当天收获的藠头要在当天内确保盐渍。如原料采购较远，需长途运输，自采收后至原料收购不得超过 24h，采收至原料腌制不能超过 48h。

② 根据运输距离的远近和销货商的要求，除了一部分散装运输（直接装入运输工具）外，多数采用包装容器如用编织袋、网袋或周转箱盛装运输。因加工的质量要求应注意藠头的贮运温度不能过高，若遇气温较高时，有条件的最好采用冷链贮运方式，没有冷链贮运条件的要尽可能选择最佳贮运方式，采用常温运输，但是必须注意车厢内的通风散热，并防止日晒雨淋，尽可能减少贮运时间，保持产品新鲜，使其具有良好的商品性。

③ 原料暂存，用于干制等加工的藠头不能马上加工时，特别是高温季节，需要放入原料冷藏库摊开，在适当低温和湿度下保存。

（四）种用藠头留种贮存技术

藠头于 6 月收获，供作下季种植的种藠需贮存 3 个月后于当年 9 月播种，选择贮存方法成为了种藠安全越夏的关键，也是影响种藠质量，而影响下一季藠头丰产的关键。留作种用的藠头贮存方法常有以下几种：

1.原地贮存

在藠头成熟期不收获，让拟作种的藠头留于土壤中自然越夏贮存，秋季播种前再采挖，择其符合种用标准的作藠种即田间留种。选择无病虫害、生长良好的地段就地留种。在 8 月底至 9 月上旬播种时提前 3～5d 挖起，先拔除种藠地杂草再采用盘兜抖泥法收挖，选用中等大小的鳞茎作藠种。

该法由于生长期延长，使得鳞茎饱满、养分充足，有利于藠种播种后植株健壮生长。但需要占用土地，一般 1 亩留种可供 7～8 亩大田使用。这样留种贮存，必须加强田管：第一，清好沟厢，以防渍害；第二，进入盛夏后，留种地适当保留一定密度的杂草或铺一层薄薄的稻草，既有利于藠地保湿，也可避免日照直射藠地，灼伤藠种；第三，进行化学防治病虫害，特别注意根螨和软腐病防治，使用药剂和方法同田间管理阶段一样。

2.室内堆藏

6 月底至 7 月，由于盛夏来临，气温较高，或种藠地需改种其它作物，需采用室内贮种。采挖后去掉茎叶和根，选择大小适中、无病虫、无伤口、无烂根的鳞茎，先晒 1~2d，待薤种表面干爽，选择通风阴凉干燥场所贮存，可平铺于室内，其厚度不超过 20cm，上面覆盖 2cm 细沙土或黄土至播种时。注意控制水分含量并保持通风，使鳞茎处于休眠状态。

平摊时注意留出操作行，以便检查和用药，一般采收晾干一星期后，用 1.8%阿维菌素乳油加 46%氢氧化铜水分散粒剂（可杀得 2000）800 倍液进行喷洒，以地面见湿为宜，第二天盖上一层薄薄的无菌细黄土或细沙土。在室内贮存的两个多月中，至少应喷洒 1~2 次杀虫（根螨）、杀菌剂，以确保薤种质量，此种方法如通风不良，室内湿度较大，鳞茎易腐烂，易感染病害。

3. 室内挂藏

在薤头采收季节，将薤头带叶拔起，挽成小把，放在太阳下晒至叶萎蔫稍枯干即可，穿在竹竿上置于通风的屋檐下晾至播种。也可在 8 月，待地上部枯萎后，挖起，捆扎成束，晾挂于屋檐等通风处，或堆放在室内阁楼板上（堆放厚度不宜超过 20cm）。

此种方法虽然节约用地，但由于暴晒风干的时间太长，因自身呼吸代谢消耗营养鳞片变薄，所以种薤鳞茎的营养不充分，播种后出苗较慢，生长势较差。

4. 室外堆藏或集中假植留种

薤头收获时，选择生长良好植株作留种用，把留种植株集中假植或堆藏在室外，选择地势干燥、阴凉、管理方便的地方，挖深 15cm 左右，形状、大小根据地形和种薤量而定的坑，坑底要平，将种子平放一层，厚 3cm，再覆细沙土一层，厚3~5cm，如此重复 2 层。注意每层种薤不能过厚，覆沙不能过薄，控制好温湿度。坑的四周开好围沟以便雨天排水，种薤放好后若气温过高或下雨，还应完善遮阳遮雨措施，避免因高温高湿而引起烂种。此法具有占地少、成本低而又安全的优点。

三、小根蒜贮存保鲜技术

小根蒜主要以成熟的地下鳞茎干燥药用（薤白），以未成熟时的全株食用。根据吴玉斌等的研究，全株食用贮存保鲜技术如下：

（一）工艺流程

原料采收→整理→清洗→捆扎→护色→沥水→包装→冷激处理→贮存保鲜。

（二）工艺要点

1. 原料采收

以食用为主，采收时间很关键，掌握在未抽薹前采收。采收时连根挖起，并保存整个植株包括完整的叶片。

2. 整理、清洗、捆扎

剔除枯黄植株，除去残茎及须根，用清水洗净。按鳞茎的大小或叶片的长短分级，扎成小把。

3. 护色、沥水、包装

将小根蒜浸泡于浓度为 400mg/L 的硫酸锌溶液中护色 16h，捞出沥水后，装入厚 0.03mm 的保鲜袋中。

4. 冷激处理

装好袋的小根蒜置于 0℃ 的冰水中 3h。用 0℃ 冰水短时间处理果蔬可产生"冷激效益"，抑制果蔬的呼吸作用，降低酶的活性，延迟果蔬成熟衰老速度、叶绿素降解及根茎的软化速度；采后果蔬在低温下可抑制叶绿素分解速度。

5. 贮存保鲜

冷激后置于 3℃ 的冷库中贮存保鲜。贮存 15d 的小根蒜茎叶叶绿素含量保留率为 94.98%。

第六章

薤头标准化加工技术

第一节　盐渍薤头标准化加工技术

盐渍薤头又叫咸薤头、咸荞头，属于盐渍类腌渍菜的范畴，其特点是以高浓度的食盐腌渍薤头，使其适于长期保存，可供出口或作为半成品保存以供周年进行薤头深加工。早些年来，国际市场需要中国的薤头原料，我国便以盐渍方式出口，远销日本、韩国、新加坡、马来西亚、泰国等 10 多个国家和地区，经脱盐后，再加工成适合该国风味的最终产品。盐渍薤头作为出口产品，大多根据需要制定要求标准，对产品的形态、色泽、包装与卫生要求较严。因此，必须弄清楚成品要求，严格执行操作规程。现对盐渍薤头产品从原料选择、加工工艺、质量标准、检验方法等方面进行介绍。

一、盐渍薤头加工技术

一般出口日韩的盐渍薤头加工方法如下：

（一）原料选购与质量要求

鲜薤头要求色白、饱满、大小均匀，无绿色果、紫红色果，无霉烂果、伤果。以 6 月底上市的最好。要求当天收购，当天下池腌制。

1. 收获时期

每栽培单位的总叶子 20%～30% 已变为黄色时，是收获的良好时期（6 月中旬）。关键是当天收获的薤头要在当天内确保盐渍。若收获后过些天才做盐渍，则制成商品后必定引起"去心"或"软化"现象。因此，工厂接收原料时，需要严格检核。为确保"当天收获、当天交货、当天下池腌制"，藠农和工厂都要事先预定计划，根据工厂规模大小、日处理能力来决定基地的收获数量。

2. 收获方法

要先区分"白的"和"带绿色的"藠头，边挖边剔出青藠头（带绿色的）及病虫、伤疤藠头。带绿色的藠头都作为种子用，绝不用作盐渍藠头的原料。将"白的"藠头切断，小心装入便于搬运与保湿的纤维袋、网丝袋或周转箱中，然后运输到工厂验收。

3. 收购标准

加工用鲜藠环境条件应相应符合无公害、绿色、有机产品标准的规定，感官要求符合表 5-1 鲜藠头感官要求，加工用鲜藠头收购标准具体如下：

① 原料品质必须新鲜良好，颜色白净。

② 原料内不含泥沙、杂物等。

③ 藠头颗粒应大小匀称，每千克允许在 200 粒之内，最小颗粒占总质量的比例不能超过 5%。

④ 藠头形状呈鼓形或鸡腿形，根茎长不超过 5～7cm。

⑤ 原料内微青藠头、隐青藠头不能超过 1%。

⑥ 有机械伤、虫蛀、腐烂、空心、病斑、软化、多芯、双胞薹、抽蕊、青紫色等藠头严禁收购。

以外观整齐、鳞茎轴短而圆正、大小适中（单粒重 5g 左右）、独芯或少芯、质地致密、洁白如玉的藠头为佳。

（二）工艺流程与操作要求

出口盐渍藠头工艺流程为：原料→清洗→盐渍作业→盐渍护理→两切→分级→漂洗→过秤装箱→加饱和盐水→打包成件。

具体操作如下：

① 准备材料

池子（5m×3m×1.5m）一个，藠头 15000kg，盐（与藠头质量比为 15%）2250kg，明矾（与藠头质量比为 0.5%）75kg，石头等重体（与藠头质量比为 15%）2250kg，盐水（15°Bé）5000～6000L，塑料筒或竹筒（作为回流筒，长度 1.6m）1 支，席子（垫底用 1 张，覆盖上面 1 张）2 张。

② 藠头清洗

鲜藠头在产地或到达工厂后倒在清水中洗涤，用木耙使藠头在水中互相摩擦或用滚筒式机械将喷射水冲洗在滚动的藠头上使其脱去外部泥沙、老表皮。要用足够的水进行冲洗，要洗到水完全清澈，最理想的是在流水中清洗，然后装入方便沥水的有孔塑料周转箱、尼龙网袋子或竹箩中沥干水分后下池腌制。

3. 盐渍作业

① 先把池子洗干净，在池子横壁上从底往上每30cm的位置用白粉笔画好横线，分成五层。注意新池使用前需浸泡半个月，旧池漏水可用环氧树脂修补裂缝，能用5丝或6丝无毒薄膜做成略比池子大一点的"袋"套池更好。

② 把每层所需要的藠头、盐、明矾等各项的数量一个一个地写明在横壁上。

③ 用一张席子铺满池子底面，铺得毫无空隙（用薄膜袋套池子可不用席子）。

④ 把回流筒子竖立在池子角落。

⑤ 把洗好、用有孔的塑料箱或竹箩沥干过秤的藠头放入池子里直到粉笔的横线处，要放均匀，不要凹凸不平。

⑥ 把一定量的盐、明矾，撒满在藠头上面，要撒得均匀，所用盐必须是不加碘的盐，明矾要碾成粉。

⑦ 逐层放入藠头，撒盐与撒明矾的工序应反复进行，直到最上部一层。

⑧ 先把席子铺盖在藠头等材料的上面，然后垫上压板，把所定的重体放在压板上，要放得均匀。

⑨ 最后，把15°Bé的盐水从回流筒灌输到池子高度80%的位置。这时计量盐水量，并记录下来。有的为简便起见，用竹箩盛盐，再用水冲，这样不便于计量。切忌加"白水"，否则会出现软（化）、烂、黑现象。

4. 盐渍护理

① 按照所规定的方法做好盐渍作业后，把所做事项填写入"管理表"，要逐日观察池子里面的变化。

② 盐渍后5d和10d，从回流筒抽水，向池子的"对角"部位灌去。这个循环盐水的作业是为使池子里面的盐分布平均化，所以循环盐水30~40min就足够。要注意的是：循环得过多，会将空气中的杂菌灌入池子里面，导致反常发酵。由此循环盐水2~3次即可。

③ 循环盐水作业完毕后，必须测定盐水的波美度值。把其测定数值填写在"管理表"上。最重要的是盐水的水面要保持在藠头上面12~15cm的位置，否则表层会变黑。

④ 在盐渍作业完毕后20d，在池子上面撒盐，再做循环盐水的作业。这个"追盐"对保证质量是不可缺少的。其盐量是盐渍的藠头质量跟从回流筒灌入的盐水量的总和的3%。现根据具体例子来说明：

15000kg（藠头）＋5500kg（盐水）＝20500kg

所以所需盐量：20500kg×3%＝615kg。

5. 两切作业

（1）时期　在盐渍作业完毕后60d以上（乳酸发酵完成）的时候才开始。为把藠头原有的滋味维持到实际消费者品尝时，根据加工能力而规定每月出货量，对这个出货量的藠头进行两切作业。

（2）刀法　两切作业，要按照各个藠头的具体形状相应切断。

① 一边进行两切作业，一边把带绿色的、有伤疤的、有蛀烂的、有病害的等有缺损的藠头挑选出来，一个也不漏地除掉，扁平藠头也不要。

② 在两切作业中，藠头两切要适中，长短适当，多切、少切、斜切等均不符合要求，两切后的成品应形状美观呈鼓状，切口要齐要平整，不得有凹凸；鳞片上不得有刀伤。

6. 分级、漂洗

（1）分级

① 严格按照藠头分级指标（参看产品质量标准）的尺码规格来进行分级挑选。

② 第一次粗分级：在台桌两切时一边切一边借助分级板或分级圈进行目测对照，逐个分级，有的凭多年丰富的经验分级。

③ 第二次精分级：在两切后一边漂洗一边用筛子分级。

（2）漂洗

① 先分别准备各尺码的缸，灌入相应的 23°Bé 盐水，然后把两切完毕并分级的藠头按尺码放在缸里，如果把两切完毕分级的藠头再放回到池子里，池子内壁的水泥沙子就常常从两切断面钻进藠头里面去。因此，决不能把两切完毕的藠头放回到池子去。

② 在缸里积攒有一定数量的藠头时，再掏出适量，一边在 15°Bé 盐水里好好洗涤，一边把外皮杂质等除掉。

7. 装箱成件

（1）内包装

① 漂洗后充分沥干水分，按比规定重量增多 5% 的标准将藠头放入内装容器。

② 准备 23°Bé 盐水和明矾（盐水量的 5%）的混合溶液。

③ 把藠头放入内装容器后，再把盐水、明矾混合液灌满到容器盖子的位置，一边灌入混合溶液，一边摇动容器，使留在底下的空气冒泡出去，确认空气在容器里面没有遗留，再盖上盖子。注意，每当重新打包，必须重新准备混合溶液。盐渍工序中使用的盐水，绝不要灌入到内装容器，即禁止使用老盐水装箱。必须用新配制的通过澄清过滤的饱和盐水，浓度应保持在 23°Bé。装箱后，盐水应高出藠头3～5cm，浓度不低于 20°Bé。

（2）外包装（参看产品质量标准）　要用坚固的材料做，要经得住长途运输。

（三）出口咸藠头产品质量标准

此处引用湖南省粮油食品进出口集团有限公司出口咸藠头的质量标准。

1. 级别

共分六级：即大级、中级、小级、细级、花级、花花级。要求分级装箱，装箱后同一箱中无跳级混装现象，且目测时颗粒均匀，无明显差异。其具体指标列于表 6-1。

表 6-1 出口咸藠头分级指标

级别	粒数/500g	宽幅/cm	平均单粒重/g	平均宽度/cm	长宽比
大	30～60	2.8～3.0	11.1	2.9	1:1
中	60～80	2.4～2.8	7.1	2.6	1:1
小	80～110	2.1～2.4	5.3	2.25	1:1
细	110～130	1.8～2.1	4.2	1.95	1:1
花	130～200	1.4～1.8	3	1.6	1.1:1
花花	200～400	0.8～1.4	1.7	1.1	1.3:1

注：宽幅是指藠头断面最宽处。

2. 修切

要求藠头去柄、去根蒂、去粗老皮，两端平整。藠头两切要适中，多切、少切或斜切等均不符合要求。藠头基部要切到无黄色根蒂（印）部位为佳，切口要整齐，不得有多刀切割凹凸现象或刀伤，两切后的成品应呈鼓形。

3. 肉质风味

成品肉质要求纤维少，肉质饱满细嫩，无软化、空心（空筒），品尝时清脆爽口，手掂时柔韧而具有弹性。气味芬芳，富有藠头充分发酵后的特有乳酸香味，无任何不良异味，如辛辣味、酒臭味等。

4. 外观色泽

经腌制发酵精选后的成品，外观呈乳白色，半透明，具玉器光泽。表面有机伤、病斑、老皮或夹带杂质（砂），青果、紫红色果或因异常发酵而致颜色发暗、变黄，霉烂果等均不符合要求。

5. 汤汁

成品装箱用盐水必须是新配制的通过澄清过滤的饱和盐水，浓度应保持在 $23°Bé$，装箱后盐水应高出藠头 3～5cm，平衡后盐水浓度不低于 $20°Bé$。开箱检查时，汤汁应清澈透明，无任何浑浊带杂现象。

6. 包装

外包装统一为木盖竹箱，其具体规格是外高 34cm，外长 42cm，外宽 32cm。竹箱外观整洁美观、坚固耐压，无霉变虫蛀现象。木盖厚度不得小于 1.5cm，编合块数不得超过 4 块。加工材料要使用生长期两年以上的楠竹，箱外必须要用光油掺和青漆刷制，箱内应光滑无刺，内包装一律为排气软塑折叠透明出口桶，每件净重

24kg。包装内盖必须借助工具拧紧。打包一律使用白色塑料带，打为"十"字捆。

7. 标记及唛头

要求标记清楚，规范合理，其具体做法如图 6-1 所示：

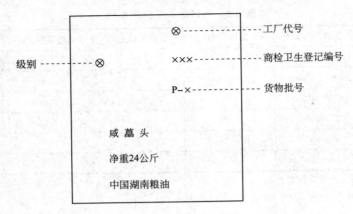

图 6-1　包装标记项目

说明：① "咸藠头""中国湖南粮油"字体较大，"净重 24 公斤"和级别代号字体较小，一律使用黑色油漆。

② 竹箱四角竹片上方以不同颜色对级别做出标记，大、中、小、细、花、花花的颜色分别用红、黄、绿、黑、白、蓝刷记，颜色要求难脱落变化，面积不得小于 15cm^2。

（四）出口咸藠头检验方法

1. 要求

① 盐分：19％～20％（指藠头的含盐量）。

② 乳酸发酵完全。

③ 保护液 22～24°Bé 腌渍并高于藠头 3～5cm。

2. 检验方法

（1）现场检查

① 核查数量、唛头、标记、批号是否相符。

② 检查包装有无破损、污染及漏汤现象。

（2）抽样

51～100 件抽 6 件；101～500 件以 6 件为基础，其余抽 5％；501～1000 以 26 件为基础，其余抽 4％；1000 件以上，以 46 件为基础，其余抽 2％。

抽样要均匀，每件取样 50g。在取样过程中应注意有无霉菌生长（起白）情况，保护液是否浑浊，藠头色泽与风味是否正常，箱间藠头品质有无显著差异。

（3）检验方法

① 级别检验　将各级分别称重并数粒数，看颗粒是否均匀，隔级和临级薤头各多少，并计算百分率。

② 外观色泽　检查色泽是否正常（白色、稍黄）并检出青绿、青紫等杂色薤头，计算百分率（按颗粒计）。

③ 形态　两端是否平稳。检出留头、留尾的薤头计算百分率（按颗粒计）。

④ 病斑、机械伤　将病斑、机械伤薤头检出，并计算百分率（按颗粒计）。

⑤ 盐分　精密称取经组织捣碎机捣碎的试样约 2g 于 50mL 坩埚中，在电炉上以小火将灰炭化至灰白色（防止溅失）。用蒸馏水将灰分冲洗至 250mL 容量瓶中，并稀释至刻度，充分振摇，静置 2h 后，用移液管吸取 25mL 于 250mL 三角瓶中，加 10% 铬酸钾（溶解 10g 铬酸钾于 100mL 蒸馏水中）指示剂 1mL。用物质的量浓度为 0.1mol/L 的 $AgNO_3$ 溶液滴定，呈现红黄色时为终点。按下式计算：

$$NaCl \text{ 质量分数} = \frac{58.45 \times 10^{-3} \cdot cV}{m} \times 100\%$$

式中，c 为 $AgNO_3$ 的物质的量浓度（mol/L）；V 为滴定时所耗 $AgNO_3$ 溶液的体积（mL）；58.45 为 NaCl 的分子量；m 为样品质量（g）。

3. 检验报告

应对成品进行不定期抽样检验，并将检验结果记录入表 6-2，写出分析处理意见，由厂长和检验员签名后存档，以便复核检查。

表 6-2　咸薤头检验报告单

年　　　　　月　　　　　日　　　　　规格：

检验次数	检验项目							结果分析
	两切不好	机械损伤	青头	颜色异常	软化变质	病斑老皮	正常	
1								
2								
3								
4								
5								
6								
7								
8								
9								
10								
合格率								

厂长：　　　　　　　　　　　　　　　检验员：

① 根据出口咸藠头品质标准及要求，将随机样品中各项目的粒数逐一填写，检验次数是指同一规格的抽箱数，同一规格每次检验不得少于 10 箱。

② 统计各次检验结果算出各项目所占的百分比，如果前六项中任一项目超过 5％或前六项累计超过 10％，则视所检该批货物不合格，整批货物需要全部返工，并将分析结果及处理意见填入"结果分析"栏。

二、盐渍藠头生产过程中的质量与安全控制

（一）原料质量控制

藠头的产地环境和田间管理直接影响到出口咸藠头产品的产量和质量，基地必须严格按照藠头无公害、绿色和有机产品标准进行标准化种植与管理，推广新技术、新肥药，严把农产品质量安全关，突破贸易的"绿色壁垒"。

1. 产地环境要求

防止因受土壤、水中重金属污染而使产品中重金属含量超标，出口企业须每年在种植基地取土取水检测，确定基地环境适合种藠头。

2. 藠头栽培技术规范

选用加工良种——南藠，个体中大，洁白无污染，层多耐腌制，肉脆爽口。木藠个体较大，但组织结构松弛，米藠个体太小，均不宜用于加工。忌过多施氮肥造成藠头个体太大。同时注意培土，高垄高畦能防止青藠头产生，采收后及时送往工厂加工，防止隔夜藠头抽蕊。

3. 农药肥料使用规范

农药残留是国际贸易中非常重视的一个问题，已日益引起消费者的注意，如日本食品农残肯定列表制，对藠头等食品和农产品提出 200 多项农药残留限量新标准。虽然藠头抗病虫力较强，本身含有杀菌素，又是冬春生产为主，病虫害少，用药少而安全。但仍要注意藠头的霜霉病、紫斑病等病害及葱蓟马、螨类、根线虫等虫害的防治。必须控制农药种类、浓度、安全间隔期，并实施标准化的肥、水管理技术，确保原料农药、重金属残留不超标。

（二）加工过程控制

加工过程中，盐渍工序是关键控制点，为发酵完全，并保证组织脆度、色泽，必须用木板或竹板将藠头压在盐水液面下，防止藠头露在空中腐烂、变软、变黑、发臭。注意"追盐"，及时提高咸度，防止发酵过度变酸。同时，盐渍所需要的盐分别加入，逐渐加大咸度，可使盐分渗入组织的速度加快，缩短达到平衡的时间，且藠头舒展饱满，富有弹性。

(三) 卫生管理控制

为了确保出口食品的卫生质量，规范出口食品加工厂的卫生管理，保护消费者的健康，应当建立保证出口食品卫生的质量体系，并制订体现和指导质量体系运转的质量手册。凡申请卫生注册的薤头出口食品厂必须执行下列要求及有关卫生规范，有条件的薤头加工食品厂建议按此标准执行。

1. 环境卫生

出口食品厂的环境卫生必须符合下列要求：

① 出口食品厂不得建在有碍食品卫生的区域，厂区内不得兼营、生产、存放有碍食品卫生的其它产品。

② 工厂生产区和生活区应当隔离，生产区建筑布局要合理。

③ 厂区要绿化，路面要平整、无积水。主要通道应用水泥或石块铺砌，防止尘土飞扬。

④ 厂区应当建有与生产能力相适应的符合卫生要求的原料、包装物料贮存地等辅助设施（如腌制池、仓库等）。

⑤ 厂区卫生间应有冲水、洗手设备和防蝇、防虫、防鼠设施。墙裙用浅色、平滑、不透水、耐腐蚀的材料修建，地面要易于清洗消毒并保持清洁。

⑥ 生产中废水的排放应当符合国家环保要求，即排污应设有污水净化池；垃圾和薤头下脚废料，应当当天清理出厂在远离食品加工车间的地方集中堆放，并作无害化处理。

2. 车间及设施卫生

食品加工专用车间及设施必须符合下列条件：

① 车间面积与生产能力相适应，布局合理，排水畅通；车间地面用防滑、坚固、不透水、耐腐蚀的材料修建，且平坦、无积水并保持清洁；车间出口及与外相连的排水、通风处装有防鼠、防蝇、防虫设施。

② 车间内墙壁、天花板和门窗使用无毒、浅色、防水、防霉、不脱落、易于清洗的材料修建。墙角、地角、顶角应当具有弧度（曲率半径应不小于3cm）。

③ 车间内的操作台、传送带、运输车、工器具（篮筐、托盘、刀具等）应当用无毒、耐腐蚀、不生锈、易清洗消毒、坚固的材料制作。

④ 车间内位于食品生产线上方的照明设施应当装有防护罩，工作场所以及检验台的照明亮度应当符合生产、检验的要求，以不改变加工物的本色为宜。

⑤ 车间温度应当按照产品工艺要求控制在规定的范围内，并保持良好通风。

⑥ 车间供电、供气、供水应当满足生产所需。

⑦ 应当在适当的地点设足够数量的洗手、消毒、干手设备或用品，水龙头应当为非手动开关。根据产品加工需要，车间入口处应当设有鞋、靴和车轮的消毒

设施。

⑧ 应当设有与车间相连接的更衣室。根据产品加工需要，还应当设立与车间相连接的卫生间和淋浴室。

3. 原料、辅料卫生

生产用原料、辅料的卫生必须符合下列要求：

① 食品生产所需的原料、辅料必须具有产地农残检测或检验合格证，并经过进厂验收合格后方准使用，超过质量有效期的原料、辅料不得用于食品生产。即原料选用无病、虫、伤害的新鲜藠头，加工用盐符合食品卫生要求。

② 加工生产用水必须充足，并符合国家生活饮用水卫生标准及本厂食品特定要求，每年不少于两次水质卫生检测。自备水源应当有卫生保障措施。注意车间内生产用水的供水管必须采用不易生锈的管材。

4. 加工人员卫生

出口食品厂的生产、检验人员必须符合下列要求：

① 生产、检验人员必须经过必要的培训，经考核合格后方可上岗，并明确其职责。

② 生产、检验人员每年必须进行一次健康检查，必要时作临时健康检查；新进厂的人员必须进行健康检查，取得健康证后方可上岗。

③ 凡患有有碍食品卫生疾病的人员，必须调离食品生产岗位。

④ 生产、检验人员必须保持个人清洁卫生，不得将与生产无关的物品带入车间；工作时不得戴首饰、手表，不得化妆；进入车间时必须洗手、消毒并穿戴工作服、工作帽、工作鞋，离开车间时必须换下工作服、工作帽、工作鞋。

5. 加工卫生

食品生产必须符合安全卫生的原则，建立健全岗位责任制，严格按照加工工艺和安全卫生要求进行加工。

① 对影响食品卫生的关键工序的监控必须有记录。

② 应当制订对不合格产品产生原因分析及采取纠正措施的规定并贯彻执行。

③ 生产设备必须布局合理，并保持清洁和完好。

④ 操作台、加工用具及容器应当严格执行清洗消毒制度。盛放食品的容器不得直接接触地面。

⑤ 按从非清洁到清洁，从原料到半成品到成品的加工过程进行加工，原料、半成品、成品应当分别存放，且同一车间不得同时生产两种不同品种的食品。废弃物应当设有专用容器，并明确标识，及时处理，其容器和运输工具应当及时清洗、消毒。

⑥ 对不合格品及跌落地面的产品，应当设有固定地点分别收集，在检验人员监督下及时处理。

⑦ 班前班后必须进行卫生清洁工作，专人负责检查，并作记录。

6. 包装、贮运卫生

出口食品厂应当制订包装、贮存、运输的卫生管理制度并贯彻执行。

① 用于包装食品的物料必须符合卫生标准并且保持清洁卫生，不得含有有害、有毒物质，不易褪色。

② 包装物料车间应当干燥通风，内外包装物料应当分别存放，不得有污染。

③ 食品运输工具必须清洁卫生，冷藏食品应当用清洁、无异味的冷藏车（船）运输。

④ 预冷库、冷藏库、仓库（原辅料库、包装材料库、成品库）的温度应当符合工艺要求，并配备温湿度计及自动温度记录装置。库内应保持清洁卫生，定期消毒，有防霉、防鼠、防虫设施。库内物品应当与墙壁、地面保持一定距离。库内不得存放有碍卫生的物品，同一库内不得存放相互污染或者串味的食品。

7. 卫生检验管理

产品的卫生质量检验必须符合下列要求：

① 必须设立与生产能力相适应的、独立的检验机构和配备相应的检验人员。

② 检验机构必须具备检验工作所需要的检验设施和仪器设备，仪器设备必须按规定定期校准并有记录。

③ 必须制订原辅料、半成品、成品及生产过程中卫生监督的检验规程和规范，并有效地执行。

④ 应当制订和执行对不合格品控制的规定，其规定必须包括不合格品的标识、记录、评价、隔离处置和可追溯性等内容。

⑤ 检验记录必须完整、准确、规范，并随时提供相关机构查阅。

第二节　糖醋渍藠头类标准化加工技术

糖醋渍藠头是以新鲜藠头为原料，经食盐腌制、脱盐、脱水后，用糖、食醋或糖醋液浸渍而成。利用高浓度食盐的保藏原理进行半成品的腌制，利用罐头加工原理进行甜酸藠头产品的加工。产品按包装容器可分为听装、瓶装和袋装。根据各地口味和市场需求，调整醋与糖的比例可生产甜酸藠头（偏酸）、酸甜藠头（偏甜）、甜藠头和酸藠头等。制成的甜酸藠头罐头是目前出口的主要产品之一，甜酸藠头具有健脾开胃、去油腻、增食欲的作用。口感嫩、脆、酸、甜并略带辣味，十分爽口。它既可单独食用，也可当配料制成各种美味佳肴。现已成为韩国、日本人餐桌必备的佳肴，深受国内外顾客欢迎，销量与日俱增，每年出口量达6万吨左右，创汇较多，经济效益和社会效益十分可观。糖醋渍藠头类产品标准化加工方法如下文所介绍。

一、甜酸藠头软罐头加工技术

甜酸藠头软罐头也称软包装甜酸藠头，指用复合塑料薄膜袋盛装并经密封杀菌后能长期保存的一种袋装食品（甜酸藠头）。复合塑料薄膜袋能够加热杀菌，又叫"可杀菌袋"或"蒸煮袋"。甜酸藠头软罐头由于袋壁薄，所需杀菌时间短，可使藠头保持较好的色、香、味，且具有营养卫生、经济实惠、食用方便的特点，是目前颇受欢迎的风味食品。甜酸藠头软罐头加工基本工艺如下。

（一）加工前准备

1. 原辅料要求

（1）藠头原料　原料的理想采收季节为每年的 6 月上旬至 6 月底。原料要求鲜嫩、无霉烂、肉质呈白色、饱满、无绿色、无紫红色、无腐烂、无病斑、无机械伤、无双芯。如用半成品，要求经腌制后的藠头要发酵完全，无辛辣冲气味，组织脆嫩，色泽呈牙白色，要有光泽才能进行糖醋浸渍。

（2）包装袋　出口甜酸藠头的包装主要是采用复合薄膜袋装，塑料袋一般从日本进口。复合薄膜袋必须具备以下条件：透气性小，透湿性低，至少能耐 0～120℃的温度；化学性稳定，与袋内甜酸藠头成分不起反应，无毒、无不良气味，能阻止袋内糖液或其它成分的渗漏；热封性能好，热封的温度范围宽，强度大、不易破裂、耐贮存，不易老化，有很好的透明度和光泽；印刷质量好，价格便宜。一般都是根据食品包装的要求，用两种以上的材料复合起来，制成复合薄膜或片材。通常用于软包装材料的有聚酯（PET）、尼龙（PA）、聚偏二氯乙烯（PVDC）、高密度聚乙烯（HDPE）、铝箔（AC）、乙烯-乙烯醇共聚物（EVOH）等。

（3）食盐　洁白干燥，含 NaCl 98％以上，水分不超过 1.5％。

（4）明矾　洁白无杂质。

（5）白糖　洁白、无杂质、干燥，纯度在 98％以上。

（6）醋酸　食用冰醋酸。

2. 加工前准备

① 清扫原料仓库。

② 腌制前，先用生石灰对腌制池消毒，再用流动清水反复对腌制池进行清洗。

③ 清洁加工工具及加工车间，并每天即时清洗。

（二）生产工艺流程

原料验收→拣选清洗→腌制→两切→清洗→机械去皮→浸泡→人工去皮→分级

→一次精选→脱盐→第一次灭菌→二次精选→漂洗→配液→检验→灌装→封口→第二次灭菌→灯检→X光异物检验→装箱入库。

(三) 作业程序

1. 原料验收

加工用藠头原料由藠头标准化生产基地生产，严格控制收购程序，感观要求为：无须根，柄长 2cm，单个色白无青头烂个，无损伤，无病斑，无泥沙杂质，无双芯，没有抽芯的全白藠头。农残检测符合相关标准。

① 要求农户边拔边挖边割尾去根，同时剔出有机械伤、虫伤、腐烂、空心、病斑、软化、多芯、双胞薹、抽薹、青色的藠头，藠头装入网袋或周转箱，并须在当天下午 6 点前交送到工厂，不得过夜。

② 工厂按收购要求，抽查质量合格后，判定等级，称重收购。

③ 分产地等级标识后放置，以便于追溯。

2. 拣选清洗

新鲜藠头到达工厂后在清水中浸泡，用木耙或启动滚筒式洗涤机，调节操作旋钮，控制冲水流量，使藠头在水中互相摩擦脱去外部泥沙、老表皮，反复清洗，直至干净，沥水称重，当天进入腌制车间腌制。

3. 腌制

(1) 经清洗除去泥沙杂质沥干水后的藠头，称重送往指定的池或缸中，池对角各放置一根循环管，根据池或缸的容积，计算好藠头与盐的用量。

(2) 腌制

方法一：原料进入腌制池后，用浓度 10% 的盐水对原料进行腌制。原料满池后用竹板铺盖加原料质量 10% 的石头加压，每腌制 2d 进行一次盐水回流（腌制池底层的盐水用回流泵抽到腌制池顶层），并补充池内盐水，使池内盐分布均匀。腌制采用的食盐必须符合 GB 2721—2015《食品安全国家标准　食用盐》要求。

方法二：将藠头放入浓度为 10%～11% 的盐水和浓度为 0.2%～0.25% 的明矾配制的溶液中进行腌制，也可以按 100kg 新鲜藠头加盐 6.5～7kg，明矾 0.2～0.25kg，一层藠头放一层盐和明矾（明矾要磨成粉末状后和盐拌均匀进行腌制），不要凹凸不平，腌满池后，最好用无毒塑料薄膜将池内藠头盖好，要留有一定的空隙，然后放竹垫垫好，再均匀压重石，让其自然发酵，腌制时间为 45～50d（无辛辣气味为止）。

(3) 管理

① 藠头腌制过程中，需有专人管理，随时观察藠头发酵是否正常，及时调整腌制池中加压不均的石头，防止腌制池中的藠头脱水以及定期进行盐水循环和补加工作，确保藠头腌制得良好、快速。

② 腌制过程切忌加"白水"，否则会出现软（化）、烂、黑现象。尽量保证腌制池中的温度在 25～30℃，并根据当时季节气温的变化情况适当控制藠头的腌制时间，以保证藠头腌制成熟，无生辣味。

4. 出池修剪（两切）

腌制 40d 左右，待原料自然乳酸发酵充分，将藠头从池内取出，遵照客户的要求，按一定比例人工修去藠柄和根蒂部，并把一级品和二级品分开存放。两切是根部修切与尾部修切。根部修切：破 2～3 层内质皮，使中心的位置在切面中心，切面平整、光滑，切后呈淡黄色或粉黄色，切面与根部的中心线垂直。尾部修切：切面与尾部中心线垂直，切面平整、光滑。长度与直径比按 1∶1.2，同时防止长把、斜刀或刀伤，边切边剔除青果、烂果、软化果、变色果，用另外的果篓盛装。

5. 去粗老皮

两切后的藠头用人工结合机械去皮机去粗老皮，然后用盐水漂洗。

（1）清洗、机械去皮　两切后的藠头经检验后输入清洗去皮机内清洗，并去除表皮、粗皮。

（2）浸泡　用浓度为 10% 的盐水对清洗去皮后的藠果浸泡 10～12h。

（3）人工去皮　将浸泡好的藠头人工去除表皮和一层粗皮，同时选出不合格果，切削不良果和空心夹砂、病斑畸形、变色果。

搓皮后用盐水漂洗干净。

6. 分级

漂洗后按客商要求用竹筛或机械进行分级。

① 将运送来的切好形的藠头进行自检，检查外形是否符合规定，以及粗老病斑、老皮是否搓去完全，如有发现及时返回上道工序返工处理。

② 出口藠头用分级机按大（$\phi26mm$）、中（$\phi24mm$）、小（$\phi22mm$）、细（$\phi18mm$）、花（$\phi15mm$）、花花（$\phi12mm$）6 个级别进行筛选分级。内销藠头用筛子来筛分，藠头筛分标准为：大、中、小的直径范围分别为 2.4～2.8cm、2.1～2.4cm、1.9～2.1cm。

7. 一次精选

为达到颗粒均匀、品质优良的目的，对分好级的产品进行精选加工，去除不合格果和杂质、异物，包括病斑果、暗果、夹砂果、斜刀果、伤刀果、游离皮、杂质等。如不能及时加工已分级的藠头，需将分好级的藠头用浓度为 18% 的盐水浸泡储存，达到终止发酵的目的。

8. 脱盐

将一次精选好的藠头按不同级别放入清水脱盐，并按时搅动、测量，以达到盐度为 2.8%。

① 将已分级选好的薤头按级别装入桶中，采用流动清水对薤头进行脱盐，脱盐还可除去异味。

② 同时用水管插入桶中，充分搅动水和薤头，2h 一次，按时进行汁液交换。同时，测试薤头的盐含量，当薤头中盐含量达到要求即可停止脱盐。

9. 第一次灭菌

将脱盐后符合要求的产品放入预煮机内，上、下调动吊栏搅动薤头，充分使其受热均匀，灭菌时间控制在 3～5min。薤头预煮时一定要分级进行，分级是按每500g 的粒数计，各级的预煮温度都为 80℃，各级的预煮时间见表 6-3。预煮后取出放冷水池中自然冷却，冷却时间大约为 10min。如果机械设备好，控制温度时间精准，大级、中级、小级的预煮温度都可为 60℃，时间均为 1.5min；细级薤头的预煮温度为 60℃，时间为 0.5min，分别放入流动的冷水中冷却 5s，拿出后再放入冷却 2s。冷却后进行精选。

表 6-3 不同级别薤头的预煮时间

级别	粒数/500g	预煮时间/min
大	40～60	6
中	60～80	5
小	80～110	4
细	110～130	4
花	130～200	3
花花	200～300	4

10. 二次精选

将灭菌后的产品在灌装前进行第二次人工精选，去除不合格果和杂质、异物，达到合格的目标。

11. 漂洗

将二次精选好的薤头输入漂洗槽内漂洗，进一步除杂质、游离皮。

12. 配液

① 配料技术人员按照技术口感标准比例称取相应辅料，备用。

② 配料人员必须保持环境卫生与自身清洁。

③ 质检人员专门负责食品添加剂的称量发放。

④ 将相应的辅料混合均匀后并抽样品尝（食品添加剂除外），如有偏差及时调整，以下配方仅供参考。

配方一：采用 80℃的净化水和白糖配制成含水量 50% 的混合液。采用的净化水和白砂糖必须符合 GB 5749—2006《生活饮用水卫生标准》的规定。

配方二：藠头预煮、冷却、精选后分级装入复合塑料袋，称重后灌入糖醋液。糖醋液配制是以 100kg 藠头，配饮用水 60kg，白糖 25kg，食盐 2.5kg，冰醋酸 2.5kg，将水烧开后将糖放入水中溶解冷却后加一定量的冰醋酸，糖醋液的 pH 值用冰醋酸调至 3.8，过滤后装袋。

13. 检验

甜酸藠头灌装前，对各项指标进行检验，检验合格后，方可进入灌装程序。

14. 灌装、排气、封口

将第一次灭菌的藠头取出，按所分出的 6 个级别整理，按藠头与配置好的混合液 2∶1 的比例装入袋（聚丙烯复合袋），启动真空包装机，调节真空负压度和热合时间，热合封口。要求包装完好率≥99%、重量偏差率≤±2%。

① 在开工前，做好消毒清洁工作，由班组长负责包装袋的领用消毒、喷印日期等处理工作。

② 包装袋使用前需用紫外线灯杀菌消毒 30min，操作人员必须佩戴手套、头帽、口罩，操作符合卫生标准。

③ 将调配好的藠头用漏斗按照包装规格进行装袋，并且控制称量的准确性，误差：±3%。

④ 将装好袋的产品平置在包装机工作台上，进行真空包装。真空包装的压力为 0.06～0.08MPa，操作时间为 60s。大包装的需要排气后再真空包装，小包装没有真空包装机的，需要用手指将袋中空气排尽，使袋中形成一定真空，再利用封口机封口。

⑤ 操作人员包装时应自检，做到封口严密、结实，封口处干净无残渣，平整，无漏气现象，放置整齐，作业现场无污染，卫生清洁。

⑥ 班组长和质检人员负责抽检，不合格的产品要返工处理。

⑦ 包装参数可随包装袋的厚度稍作变化，做出变化前需报告班组长、负责人。

15. 第二次灭菌

把封好口的产品平铺在旋转式低温连续杀菌机或滚筒式杀菌机上杀菌、冷却。

(1) 灭菌　放入已配好的糖醋液进行排气后封口，封口后进行杀菌。

① 将装袋好的藠头运送至杀菌车间，进行杀菌。

② 杀菌时达到食品要求的温度，时间要短，可使食品保持一定的色、香、味。大级中级、小级、细级的杀菌温度为 80℃±2℃，杀菌时间为 20min；花级的杀菌温度为 80℃±2℃，杀菌时间为 18min；花花级的杀菌温度为 78℃±2℃，杀菌时间为 17min。

③ 当产品质量发生改变时杀菌参数应根据装袋质量进行调整。

(2) 冷却　对杀菌后的藠头要立即放入流动冷水中迅速冷却至室温。

16. 灯检

从滚筒式杀菌机内取出的包装藠头，冷却后用毛巾擦干包装外水渍，整装输入镜检台进行镜检，逐袋检查其质量问题，如发现头发、绒线、粗老皮、病斑杂质、封口不良、袋中排气不尽以及袋子污染、规格有差异等不合格产品，检出。

17. X光异物检验

灯检后的产品逐袋通过 X 光异物检测仪检验两次。

18. 装箱入库

将合格的藠头按不同质量规格进行外包装整理，要求计件准确，标识分明，分级堆放。

① 经检验合格的产品储存在放有有效杀菌及防霉防湿功能设备的干净干燥的成品库内。2～5℃低温保存，摆放整齐，离地 10cm 储存，码放层数≤7 层，控制堆箱的高度不超过 1.3m，间距为 1m，通风透气良好。轻拿轻放。

② 做好入库登记。

19. 质量控制

① 加工甜酸藠头所用的藠头原料必须经加工企业按收购控制程序进行检验合格后，方可成为加工用料。

② 加工过程必须按 GB 14881—2013《食品生产通用卫生规范》进行，原料和半成品运输工具必须打扫干净并确保无任何污染。半成品仓库、成品仓库及地面必须具备隔热防潮功能，仓库应为"四无"仓库。生产加工工人必须按食品的卫生要求持有健康证，进入车间必须穿着工作服、戴工作帽。

(四) 产品标准

1. 感观标准

(1) 色泽　藠头呈芽白色，要有光泽，大小均匀，无根蒂，糖水清晰透明。

(2) 滋味及气味　具有该产品应有的乳酸发酵的芳香味，甜酸爽口，无异味。

(3) 组织形态　组织脆嫩，颗粒完整，呈鼓形或近似鼓形。切口要平整，表面无粗老皮，无机械伤，无虫伤，无病斑，无青藠头。

(4) 杂质　不允许存在。

2. 理化指标

糖度：22%～25%（用手持糖量计测得）。

总酸：0.8%～1.0%。

pH 值：3.8。

食盐含量：2.0%～2.5%。

3. 微生物指标

大肠杆菌≤30 个/100g。致病菌不得检出。

二、甜酸藠头罐头加工技术

甜酸藠头罐头一般指金属罐和玻璃罐甜酸藠头，其加工方法如下。

（一）原料和主要辅料

① 藠头　成熟适度、组织脆嫩，无苦辣味、牙白色。
② 红辣椒　味正常、无霉变的新鲜红色辣椒。
③ 醋酸　无色透明液体、无异味、纯度＞99％，无杂质，食用酸。
④ 砂糖　干燥洁白，纯度＞99％，无杂质。
⑤ 食盐　干燥洁白，NaCl 含量＞96％。

（二）工艺流程

原料验收→清洗→腌制→出池修剪→去粗老皮→分级→脱盐→漂检→空罐清洗消毒→配汤→装罐→排气、封口→杀菌→冷却→检验。

（三）操作要点

1. 原料验收

选择新鲜、肥大、质地脆嫩的藠头。青头和破口颗粒不得超过 10％。

2. 清洗

藠田挖藠头时要去根割尾，地上茎保留 1.5～2cm，用网袋盛装，然后尽快送往工厂用清水反复冲洗干净，装于竹筐或周转箱内沥水后，入缸或池腌制。由于藠头产区气温较高，收获整理后要立即加工，切忌堆积发热，产生黄芯。

3. 腌制

分为轻盐腌和重盐腌两种。

（1）轻盐腌　每 100kg 藠头用盐 9kg，氯化钙或明矾 0.2kg，腌制容器可以用大缸或水泥池。盐腌时，用盐注意底轻面重，即下层藠头用盐量少，占全部盐量的 40％，上层藠头用盐量多，占全部盐量的 60％。铺一层藠头，撒一层盐和明矾，撒盐力求均匀。轻盐腌制的藠头，乳酸发酵提前开始，提前到达高峰期，产乳酸量多。藠头内外渗透压平衡的时间较早，风味好，但藠头的颜色稍黄。这种盐坯可以直接加工成产品，不必重盐贮存。

（2）重盐腌　每 100kg 藠头用盐 18kg，氯化钙或明矾 0.2kg，腌制容器可以用大缸或水泥池。盐腌时，铺一层藠头，撒一层盐和明矾，掌握底轻面重（即下层藠头用盐量少，上层藠头用盐量多），撒盐力求均匀。重盐腌制的藠头，乳酸发酵开始时间晚，到达高峰期也晚，产酸量少。藠头内外渗透压平衡的时间较晚，藠头颜色洁白，但风味较差。这种盐坯添加食盐后适于长期贮存。

腌制期间，用水泥池作容器的，在藠头上卤后，可每天1～2次吸出盐水淋面。用大缸作容器的，每天早晚翻缸菜一次，从甲缸到乙缸，最后将盐卤浇在菜面上，连续转缸4～5d。

4. 出池修剪（两切）

腌制成熟后将池内表层霉烂变色等不合格的藠头剔除不用，合格的藠头用流动水反复冲洗，除去泥沙和杂质，改善藠头表面色泽。然后用不锈钢刀逐颗进行两切处理并进行粗分级，切根去梗，留下部分1.5～2cm，同时剔除软烂、青绿色和发暗的藠头。

5. 去粗老皮

将两切后的藠头倒入擦皮容器中，加适量的水，手工擦去粗皮膜，或用擦洗机擦洗去除外膜，然后倒入漂洗池中，捞除外膜杂质。

6. 分级

根据客商要求将藠头进行大小分级。一般藠头按横径分成大（L）、中（M）、小（S）和特小（T）四个等级，横径≥21mm为L级，16～20mm为M级，10～15mm为S级，7～9mm为T级。分级可以使得产品整齐美观，也便于后续工序加工。将分级后的藠头，在流动水中剔除残留外膜和不合格藠头，并将有病害、表皮损伤、青果烂头、发酵不良及肉色发暗等不合格藠头剔除。

7. 脱盐漂检

将修整分级后的藠头，倒入漂洗池内，用流水漂洗脱盐或将盐坯用1.5倍清水浸泡，每天换水两次，轻盐渍的浸泡时间短，重盐渍的浸泡时间长。在浸泡期间，每天检测2次。漂至含盐量2%～3%。

8. 空罐清洗消毒

将各罐经沸水煮沸消毒后倒置备用。

9. 配汤

由专人负责，先测出半成品中含盐含酸的量，再根据成品要求计算酸、盐的补充加入量，糖按糖量计测量控制。

总酸量＝（成品总酸量－固形物×半成品含酸量）/罐汤量

总盐量＝（成品总盐量－固形物×半成品含盐量）/罐汤量

为避免汤汁中过早加入食用冰醋酸而易造成大量挥发和损失，要求食用冰醋酸尽可能随配随用。

10. 装罐

先装固形物即藠头和去蒂剪成长条的辣椒（宽0.5cm，长2cm），后装汤汁（用糖量计测糖度为28%～30%）。使用751型罐，净重185g，装藠头130g；使用9116罐，净重850g，装藠头555g，装罐时选大小、色泽一致的装于同一罐内。藠头常用各种玻璃瓶装盛，固形物含量60%以上。另加2～3根辣椒，再注汤汁。汤汁含盐2%、醋酸1.3%、糖40%，汤汁是把各种料加入夹层锅内煮沸后过滤备用的，应趁热灌入。如果装罐前经过糖和醋液浸泡，则汤汁中的糖醋可适量减少。

11. 排气、封口

采用抽气密封，真空度0.045MPa，751型罐汤汁热时有时不排气，直接密封。

12. 杀菌、冷却

185g装藠头罐头杀菌式为$3'～12'/100℃$，用冷水急速冷却。340mL玻璃瓶杀菌式为$5'～25'/100℃$，分段冷却。一般为保证藠头成品脆度，杀菌后迅速冷却到40℃，及时擦罐，消除水垢，入库保温（37℃）7d。

13. 检验

擦罐进库，经保温处理，检验合格后，即可包装出厂。产品刚生产出来风味还不是很好，藠头在包装容器内浸渍20～30d，当藠头的含糖量及含酸量达到平衡时即为成品，此时风味达到最佳。

（四）质量指标

产品外观颗粒完整，大小均匀；藠头乳白色有晶莹感；有轻度挥发性酸气息及藠头清香，无异味，咸、甜、酸味适度；组织紧密、肉质脆嫩，表面无外膜及脱皮现象，汤汁清晰、不混浊；无肉眼可见外来杂质。固形物含量≥60%，食盐（以氯化钠计）1.5%～3.0%，总酸度（以醋酸计）0.8%～1.8%，可溶性固形物24%～29%。微生物指标符合商业无菌要求。

（五）质量控制

在藠头罐头生产中易发生变色、软烂问题。这是由于此产品是加酸产品，铁罐或玻璃罐铁盖以及工器具易被酸腐蚀。

解决措施：在腌制过程中，用石头压住原料不使外露，并用盐加明矾粉封顶。水洗罐头外盖上的盐渍以防止生锈。

三、糖醋小根蒜加工技术

（一）工艺流程

原料整理→清洗→沥干→盐腌→切分→漂洗→调味→包装→杀菌→冷却→

成品。

（二）操作要点

1. 原料整理

制作即食风味菜的小根蒜，在抽薹后叶片枯黄、鳞茎成熟时期采挖较好。剔除枯黄叶及粗皮，除去残茎、须根及杂质，用清水洗净，沥干表面水分。

2. 盐腌

将沥干表面水的小根蒜用盐腌制，加盐量为小根蒜原料重的 10%。

3. 切分、漂洗

腌渍成熟后进行切分，切成所需要的标准。再进行漂洗，除去杂质和盐分，至含盐量 3% 左右。沥干水分，迅速进入下一个工序。

4. 调味

加入小根蒜原料质量 20% 的白糖和 50% 的白醋及其它调料，拌匀。

5. 包装

按每袋 100g 装入复合包装袋中，抽真空包装封口。

6. 杀菌、冷却

杀菌温度为 100℃，时间为 15min。杀菌完毕迅速投入流动水中冷却或喷淋冷却，使温度尽快降至 40℃ 以下。

四、甜酸薤头罐头生产危害分析与关键控制点

目前，甜酸薤头大量出口韩国、日本和欧美地区，随着生活水平不断提高，对其卫生质量、食用安全性也提出了更高的要求。为提高甜酸薤头生产过程中的卫生质量及安全性管理水平，确保产品质量，提高市场竞争力，增加出口创汇，必须建立起甜酸薤头 HACCP 保障体系，将生产过程中的危害因素降到最低限度，最大限度地提高商品质量和安全性。危害分析关键控制点在甜酸薤头生产中的应用如下所述。

（一）甜酸薤头罐头生产的危害分析

甜酸薤头罐头生产从原料的收购到成品是一个比较复杂的生物化学变化过程，工序比较多。应对甜酸薤头罐头生产过程各工序中的生物危害、化学危害和物理危害逐一进行分析，提出防止显著危害的预防措施，甜酸薤头罐头生产中的危害分析详见表6-4。

表 6-4 甜酸藠头罐头生产中的危害分析

加工步骤	危害分析	是否显著	判断依据	预防措施	是否为CCP
空罐及盖验收[a]	B：致病菌	是	细菌通过罐头二重卷边再次污染微生物	控制罐头二重卷边与外界隔绝，控制浇胶质量	是CCP1
无菌袋验收[b]	B：致病菌；C：辐照残留物	是	无菌袋密封性能不良导致被污染，无菌袋中辐照物残留	无菌袋有密封性能合格证，有辐照物残留合格证	是CCP1
藠头验收	C：农药残留、重金属（铜、铅、砷）；B：微生物（严重的病虫害、破口）；P：杂质、青藠头	是	青藠头、破口藠头，藠头生产过程使用农药超标，土壤和水污染铅、砷、铜超标，藠头表面存在致病菌和寄生虫，采收运输可能带有金属、玻璃碎片、泥沙石、纤维绳等	凭藠头农药残留、重金属普查合格证明收果品，控制破口、青口果在10%以下，及时排除杂质	是CCP2
清洗	B：微生物；P：杂质；C：水质造成污染	是	水被污染；原料和水中存在泥沙	通过 SSOP 进行控制；充分清洗	否
腌制	B：微生物；C：用盐量，腌制时间，冰醋酸的用量；P：盐质不纯带来杂质	是	腌制池、盖板、压石未消毒，藠头暴露时间过久，用盐量过低，盐夹有沙子等杂质影响品质	通过 SSOP 进行控制，严格控制盐、冰醋酸用量，腌制时间，严格遵照方法，使用纯度较高的盐	是CCP3
出池修剪、去粗老皮、分级、退盐	B：微生物；C：水质污染，洗后盐量超标；P：擦皮后外膜杂质未除干净	是	操作者、环境、工具不卫生，半成品搁置暴露时间过久，水被污染，盐量超标，影响甜酸藠头的外观和口感	通过 SSOP 进行控制，严格按产品质量标准进行修剪、分级，严格控制漂洗时间，严格遵照方法	是CCP4
预煮、冷却[b]	B：微生物、酶；C：水质污染	是	温度过高、过低，水质污染	通过 SSOP 进行控制，按要求控制温度与时间	否
配汤	B：微生物；C：糖、盐、冰醋酸的用量不合标准；P：混入杂质	是	辅料变质、未达食用标准，设备污染，搁置时间太久	辅料供应商的检验合格证明或第三方证明，严格按产品质量标准确定糖、盐、冰醋酸的用量，按操作规程操作	是CCP5
装罐[a]	B：微生物	是	设备污染，空罐与瓶盖消毒不严，装罐温度不够影响真空度	通过 SSOP 进行控制	是CCP6
装袋[b]	B：微生物	是	无菌袋消毒不严，装袋温度不够影响真空度		是CCP6

加工步骤	危害分析	是否显著	判断依据	预防措施	是否为CCP
排气、封口、杀菌、冷却	B：密封不严、杀菌不彻底而引入微生物； P：杀菌温度和冷却不彻底使产品脆度受影响	是	排气不良、密封不严、封口污染、杀菌温度与时间不够引起败坏	通过 SSOP 和产品质量标准进行控制，严格控制杀菌温度、时间，及时冷却到 40℃	是CCP7

注：1. B—生物危害；C—化学危害；P—物理危害；SSOP—卫生标准操作程序。
2. a—罐头加工；b—软罐头加工。

1. 生物危害及其预防措施

（1）生物危害　甜酸藠头的生物危害是指与造成食品传染性疾病、食物中毒和食品腐败有关的微生物危害，尤其是致病菌和耐酸产膜酵母。主要来源一是不洁的原辅料，如藠坯贮藏过程中的污染与变质以及水、蔗糖、酸等辅料污染，加工时要从源头开始控制微生物的污染。二是工艺流程，工艺流程要顺畅，中间不得有物料长时间闲置堆积，以免增加微生物的滋生；罐汤不趁热罐会影响杀菌效果；封口不良易造成细菌第二次污染；产品杀菌强度不够，如杀菌的温度和时间不够也会导致致病菌残留。三是环境卫生，工作人员、工器具等消毒不严会造成微生物大量繁殖。产前检查环境卫生是否达到要求，产中对原料、空罐、水、工作服、工器具、操作者手、设备进行微生物指标抽检，产后对设备、工器具清洗消毒，保证现场卫生确保产品质量。

（2）预防措施　对原料、藠坯进行彻底清洗，去杂、去除表面污物，认真对原料进行挑选，剔除烂藠头、烂坯等；注意贮藏条件的卫生；生产用水必须符合 GB 5749—2006《生活饮用水卫生标准》要求；具体操作过程还要结合良好操作规范（GMP）及卫生标准操作程序（SSOP）进行；定期检查产品的密封结构，产品出厂前进行真空度检查。

2. 化学危害及其预防措施

（1）化学危害　化学性危害主要有原料在种植生长期间人为施加的农药的残留；土壤、水源的污染；加工时的食品添加剂等。一些有害重金属如铅、锡、砷、铜、汞；食品添加剂如防腐剂、稳定剂，其它溶剂如清洗剂、黏结剂等。

（2）预防措施　采用农残、重金属、亚硝酸盐含量检测合格的新鲜藠头，作为生产原料。采用无毒的清洗剂和消毒剂，辅料采用食用级产品。并做好设备的清洗和消毒。

3. 物理危害及其预防措施

（1）物理危害　主要是指在甜酸藠头原料或加工过程中进入甜酸藠头中的外来

物质，以及薤头本身粗老皮。常见的外来物质有虫蝇、动物碎片、金属、设备部件、玻璃碎屑、塑料绳丝、泥沙、石子、草屑和谷壳等。

（2）预防措施　注意清洗原料、挑选不彻底带入的物理杂质，生产过程有可能带入因玻璃瓶破碎产生的碎玻璃，调配时辅料中也有可能带入物理杂质等。在生产的全过程中，要严格按 SSOP 操作。

（二）关键控制点及其关键限值与纠偏措施

通过对甜酸薤头罐头生产工艺各环节进行危害分析与评估，然后有针对性地确定出整个工艺过程中的关键控制点、显著危害、关键限值、控制措施、监测方法和纠偏措施，具体方法及措施详见 HACCP 工作计划表（表 6-5）。

表 6-5　甜酸薤头罐头的 HACCP 工作计划表

关键控制点	显著危害	关键限值	监控				纠偏措施	记录	验证
			内容	方法	频率	人员			
空罐及盖验收[a] 无菌袋验收[b] CCP1	二重卷边不良引起污染，微生物繁殖 致病菌污染、辐照残留物	封口的紧密度、迭接率、完整率，浇胶等达标 密封性能合格证，辐照物残留合格证	罐头的二重卷边 两个合格证	用游标卡尺或投影仪解剖检查 检查两合格证	每批	品控人员	拒收没有检验合格证明的或经检验不合格的产品	罐头二重卷边检验记录，审核液胶质量检查记录； 进厂物资检验原始记录	审核记录 每进货批次审核一次
薤头验收 CCP2	虫害、病害、青头、破口、农药残留、重金属	青头、破口果颗粒不得超过10%，农残与重金属符合标准要求	农残、重金属、青头、破口	供应商提供的检测合格证明及本公司委托检测机关提供的检测合格证明	每批	品控人员	对原料进行有选择的定点收购，不合格的拒收，确认超标后立即处理	《原料验收单》、检测报告和合格证接收记录	核对检测合格报告并签字，对原料进行抽查检测
薤头腌制 CCP3	盐量，腌制时间，冰醋酸的用量	用盐量为薤头质量的10%，冰醋酸用量为鲜薤头质量的0.5%，腌制时间为20d	盐量，腌制时间	量具和时钟测量	每天	品控人员	用盐量不足及时添加	专人负责测量，做好《腌制作业表》记录	品控人员对每天的记录进行确认
漂洗退盐 CCP4	水质污染，洗后含盐量超过标准	用流水漂洗4~6h，洗后薤头含盐量不得超过3.5%	时间，含盐量	含盐量检测器检测	每批	品控人员	适当地增加和缩短漂洗时间	专人负责检测，做好《漂洗、退盐作业表》记录	审核记录

关键控制点	显著危害	关键限值	监控				纠偏措施	记录	验证
			内容	方法	频率	人员			
配汤 CCP5	盐、冰醋酸和糖的用量不合标准	成品含盐量 1.5%~2%；含酸量 0.7%~1%；含糖量 48%~50%	盐、酸、糖	盐量检测器和酸量检测器检测盐量和酸量；手持糖量计测糖量	每班	灌装工序操作员	根据检测结果和成品要求补充，冰醋酸尽可能随配随用	《配汤作业表》	品控人员对每天的记录进行确认
装罐[a] 装袋[b] CCP6 （包括空罐空袋清洗消毒）	引入微生物	达到无菌	温度、时间	严格控制消毒温度和时间以及装罐装袋温度	每班	灌装工序操作员	不用不合格产品	《封罐封袋作业表》	检查每批记录
杀菌 CCP7 （包括排气、封口、杀菌、冷却）	引入微生物，杀菌不彻底，密封不严，因为杀菌温度和冷却不彻底使产品脆度受影响	抽真空封口时的真空度≥350mmHg，排气中心 T≥60℃杀菌，杀菌式为 5′~15′/100℃，及时冷却到 40℃	真空度，杀菌温度、时间	严格按杀菌规程控制杀菌温度和时间，及时冷却	每班	杀菌工序操作员	剔除不合格产品	《杀菌作业表》	检查每批记录，产品进行无菌检验，仪器仪表定期校对

注：1. a—罐头加工；b—软罐头加工。
2. 1mmHg≈0.133kPa。

1. 薤头验收

来自各家各户的原料收购过程中的危害物有残留在薤头中的农药和有害微生物，在以后的加工步骤中残留的农药、有害微生物及产膜酵母产生的抗热毒素不易排出去。同时原料在收购过程中可能发生的危害有：有害微生物的作用，由于天气太热，原料出土后没有及时送往工厂进行清洗腌制，导致原料薤头烧心、沤坏、变糜；薤头中间抽出绿芽，肉质松散，见光过久变成紫红色薤头等。这种危害物为关键控制点。预防措施：收购原料时要进行严格的农药残留量的检测并及时入厂腌制处理。

2. 薤头腌制

池子未消毒杀菌，压薤头的石头垫子未消毒杀菌，加上用盐不当，周边卫生条件差，很容易引起有害微生物的生长，造成腌渍薤头在池内长白膜，这种白膜酵母会大量消耗薤头组织内的有机物质，同时还会分解腌制过程中所产生的乳酸和乙醇，降低腌渍薤头的品质和耐贮存性，并引起腌渍薤头败坏；另一种有害微生物为腐败菌，腐败细菌会分解藠头组织中的蛋白质及其它含氮物质，经过一系列变化，生成吲哚、甲基吲哚、硫醇、硫化氢等，产生恶臭气，生成一些有毒物质，使腌渍藠头品质降低或完全败坏（腐烂），严重地影响腌渍品的质量，此步骤为关键控制点。预防措施：要选用新鲜的原料做腌制品，将原料清洗干净（事先把池子及压藠头的石头、垫子进行消毒杀菌），然后将藠头按含盐量为 10%～11% 和明矾含量为 0.2%～0.25% 进行腌制，按这样的比例腌渍出来的腌渍藠头是质量最好的。

3. 漂洗退盐

退盐时间的长短对藠头质量有很大的影响，如退盐时间拉得很长，很容易招致微生物的污染，引起藠头变糜、两端腐烂、脆度差、色泽暗、两端白圈。退盐为关键控制点。预防措施：退盐时间要求在 6h 内完成。

4. 配汤

出口甜酸藠头的糖度一定要按合同及信用证的要求来进行配制，用食用冰醋酸来调节 pH 值，一般要求将配制好的糖液进行过滤后袋装，配好的糖液不宜存放太久，否则容易引起细菌繁殖，影响产品质量，此为关键控制点。应当天用多少，配制多少。配制的糖液质量分数一般掌握在 48%～50%（用手持糖量计测量），pH 值 3.8～4.0（配汤用水必须符合饮用水标准，冰醋酸也必须是食用冰醋酸）。

5. 灌装

藠头装袋后灌入糖水，要注意糖水装袋时袋口污染对密封造成的影响，无论是固体或液体，机械操作还是手工操作，在装袋时都要严格避免袋口污染。如果在封口部位有液汁、水滴附着，热封时该部位就会产生蒸汽；当封口外压力消除时，瞬间产生气泡而使封口部分膨胀，导致封口不紧密，造成第二次污染，在贮存及运输过程中造成渗漏腐败。

造成封口污染的原因是多方面的，诸如灌装的操作方法不当，封口前对袋的处理不善等均会造成封口污染。采用以下几种方法可防止袋口污染：

① 控制装袋量，内容物离袋口至少 3～4cm。
② 使灌装器适合于产品的特性。
③ 在灌装汁液时，在喷嘴尖上装一个环形的吸管以回流由于惯性而滴下的液体，并用同步金属片保护装置，以防止液体污染封口部分。

6. 杀菌

出口甜酸藠头和钢性罐头一样，藠头装入软塑料袋后，要进行排气，如不排除袋内空气，则会使袋内藠头因氧化褐变而使藠头质量下降，热传导减慢，经常发生制品变质，而且不利于运输、存放、销售，为此在产品的封口前均采用各种技术排除藠头袋内的空气。目前一般都是采用最简单的办法，用不锈钢钢管排气。排气后进行封口、杀菌、冷却，此工序如果没有掌握好将直接影响到产品的质量；杀菌温度达不到或杀菌时间未掌握好，将使得一些微生物在贮存和销售过程中造成危害，引起产品在袋内产气、起泡，使袋内糖液浑浊、藠头颜色变黄、脆度差。所以装袋、封口、杀菌的温度与时间为关键控制点。预防措施：塑料袋在使用前必须进行检查，看是否漏气、是否经过了消毒处理。对封口后的出口甜酸藠头杀菌一定要分级别进行，然后冷却至室温下保存，要求在干净、干燥的室温下储存。

参 考 文 献

[1] 刘世琦，张自坤. 有机蔬菜生产大全 [M]. 北京：化学工业出版社，2010.

[2] 董红霞，段贵平. 绿色蔬菜生产技术 [M]. 北京：中国农业大学出版社，2010.

[3] 孟广云，寇晓虹. 野生蔬菜保鲜与加工技术 [M]. 北京：中国农业出版社，2007.

[4] 尹明安. 果品蔬菜加工工艺学 [M]. 北京：化学工业出版社，2010.

[5] 焦阳，尹海波，董双双. 薤头的本草考证 [J]. 辽宁中医药大学学报，2010，12 (7)：186-188.

[6] 纪远中. 薤白研究近况及开发前景 [J]. 天津药学，2005 (1)：54-56.

[7] 王滨. 小根蒜的药用食用价值介绍 [J]. 林业勘查设计，2012 (3)：96.

[8] 杨曙湘，李积琪，杨治平. 薤头生长发育及营养成分的研究 [J]. 长江蔬菜，1990 (6)：32-33.

[9] 李涵庄，萧小玲，周小鸥. 薤营养成分分析 [J]. 湖南农学院学报，1989 (3)：118-120.

[10] 何运智，冯健雄，熊慧薇. 薤头的营养价值和生理活性 [J]. 绿色大世界，2007 (9)：54-55.

[11] 周帼萍，王亚林. 薤头：有待大力开发药食两用的资源 [J]. 中国酿造，2006 (11)：5-7.

[12] 周向荣，夏延斌，周跃斌，等. 薤头的主要功能成分及其作用的研究进展 [J]. 食品与机械，2006 (3)：73-75.

[13] 吕莉萍，夏延斌. 薤头中的植物化合物对人体的保健作用 [J]. 企业技术开发，2010，29 (17)：74-75.

[14] 孙运军，柏建山，陈宇，等. 薤头中抗菌活性成分的抑癌作用及机理研究 [J]. 食品科学，2004，25 (11)：295-299.

[15] 孟松. 葱属植物：薤头中活性成分的抗真菌作用及其机理研究 [D]. 长沙：湖南师范大学，2006.

[16] 杜武峰，熊金桥，徐欣. 4 种栽培薤头的染色体组型比较研究 [J]. 武汉植物学研究，1993 (3)：199-203.

[17] 董庆华，苗琛，利容千，等. 薤头大小孢子的发生及雌雄配子体败育的细胞学研究 [J]. 武汉植物学研究，1997 (4)：293-298.

[18] 王建波，利容千. 栽培薤头 (*Allium chinense* G. Don) 和野薤 (*Allium macrostemon* Bunge) 的核型研究 [C] //中国细胞生物学学会，1992.

[19] 黄钊，向长萍. 薤头脱毒快繁技术研究初报 [J]. 长江蔬菜，2006 (2)：40-41.

[20] 傅德明，余宏斌，付琼玲，等. 薤头一步成苗组培快繁技术研究 [J]. 中国种业，2006 (6)：39-40.

[21] 李佳，黄凯敏，郭涛. 薤头组培快繁技术研究 [J]. 武汉轻工大学学报，2014，33 (1)：26-29，44.

[22] 闫森森. 薤头离体培养技术的研究 [D]. 杭州：浙江大学，2008.

[23] 许真. 不同 BA 和 NAA 浓度配比对薤头芽分化和生长的影响 [J]. 北京农业，2013 (10)：135.

[24] 谭赛妮. 湘阴县薤头产业化发展规划研究 [D]. 长沙：湖南农业大学，2009.

[25] 周向荣，李楷明，陈建新，等. 薤头与日本肯定列表略论 [J]. 农产品加工 (学刊)，2008 (7)：228-230.

[26] 孙芬，罗耀坤，郑利仁. 生米薤头生长规律及产量形成的初步研究 [J]. 江西农业学报，2011，23 (2)：66-67.

[27] 陈学军，万新建，方荣，等. 薤 (薤头) 生长动态与分蘖观察 [J]. 中国蔬菜，2010 (16)：42-46.

[28] 姚国富，陈素云，许玲芬，等. 薤植物学形态观察及生长动态初步分析研究 [J]. 农业科技通讯，2010 (1)：77-79.

[29] 王夫玉，杨金明，陈长红，等. 薤的种植技术研究 [J]. 中国蔬菜，2002 (1)：33-34.

[30] 姚国富，庞娇霞，齐学明，等. 种鳞茎大小对薤叶数、分枝及产量的影响初探 [J]. 浙江农业科学，2009 (6)：1097-1098.

[31] 陈学军，杨兰根，张爱民，等. 江西生米藠头栽培试验及其主要农艺性状相关分析 [J]. 江西农业学报，2009，21（4）：50-52.

[32] 方荣，万新建，周坤华，等. 藠头施肥试验及种藠消毒试验初报 [J]. 江西农业学报，2010，22（8）：29-31.

[33] 郑长安，蒋长华，余明明，等. 藠头栽培的土壤环境、养分吸收及施钾的增产效果 [J]. 浙江农业科学，1995（5）：250-251.

[34] 姜朝晖，周秋林，任可爱，等. 不同耕作制度中藠头对氮、磷、钾肥的需求特征的研究 [J]. 湖南农业科学，2011（10）：25-27.

[35] 刘晖，谭再良，徐卫宏，等. 湘阴县藠头栽培技术开发试验示范效果概述 [J]. 农业科技通讯，2011（12）：171-172.

[36] 殷日佳，李概明，任双春，等. 湘阴县绿色食品藠头生产实践与技术探讨 [J]. 湖南农业科学，2009（8）：83-85.

[37] 陈学军，程和生，万新建，等. 绿色食品藠头栽培技术规程[J]. 江西农业学报，2009，21（08）：97-98.

[38] 杨增文. 珍珠玉藠头无公害栽培技术[J]. 云南农业，2011（2）：18.

[39] 熊信文，胡铭，袁长华，等. 藠头高产栽培技术[J]. 现代园艺，2012（1）：25.

[40] 胡嘉文. 荞头的栽培[J]. 现代园艺，2014（10）：33.

[41] 朱慧斌，方子卫，刘道调，等. 藠头种植技术[J]. 现代农业科技，2013（24）：108.

[42] 杨晓莉，章旸，王军. 生米藠头绿色优质高产栽培技术[J]. 江西农业，2012（3）：35-36.

[43] 傅德明，毛禄国. 提高藠头加工成品率和品质的关键栽培技术[J]. 西南园艺，2005（5）：45-46.

[44] 梁永畅，徐建章. 藠头标准化生产技术[J]. 上海蔬菜，2007（2）：16.

[45] 袁祖华，彭莹. 长江流域藠头高产栽培技术[J]. 长江蔬菜，2015（13）：39-41.

[46] 闫森森，张芬，郭得平. 浙江省藠头的高产栽培技术[J]. 长江蔬菜，2008（7）：14-15.

[47] 付猛，王文艳. 小根蒜人工栽培技术[J]. 吉林蔬菜，2012（5）：29-30.

[48] 林树坤，张有君. 薤白的利用与高产栽培[J]. 特种经济动植物，2005（10）：33.

[49] 朱小梅，洪立洲，王茂文，等. 小根蒜的研究进展与利用前景[J]. 安徽农学通报，2010（9）：114-115.

[50] 张香美，刘月英，贾月梅，等. 小根蒜研究现状及其开发利用[J]. 安徽农业科学，2006（9）：1764-1765.

[51] 李明章，甘觉. 一季稻-藠头水旱轮作栽培技术[J]. 作物研究，2009，23（1）：57-58.

[52] 刘晖. 藠头-优质晚稻种植模式[J]. 湖南农业，2004（10）：4.

[53] 张继生. 稻田藠头栽培[J]. 云南农业，2016（2）：87.

[54] 陈彰瑜，邓汉秋. 棉田套种藠头的主要技术措施[J]. 长江蔬菜，1994（3）：14-15.

[55] 王志华，潘玺，陈建，等. 藠头与玉米间套种优质高效栽培技术[J]. 长江蔬菜，2008（7）：17.

[56] 宁盛，陈亚君. 薤（藠头）苗的立体软化栽培[J]. 中国蔬菜，2008（4）：51-52.

[57] 李一平，周尚泉，刘晖，等. 藠头主要病虫草害发生动态及生态调控技术[J]. 湖南农业科学，2003（5）：50-52.

[58] 周尚泉，杨才兵，黄志农，等. 藠头-晚稻种植模式的病虫和天敌发生动态及生态调控效应[J]. 作物研究，2005，19（1）：17-21.

[59] 李概明，任双春，殷日佳，等. 藠头的主要生理障碍诊断及防控技术[J]. 作物研究，2009，23（3）：212-213.

[60] 吴宝荣. 藠头主要病害的识别与防治技术[J]. 当代蔬菜，2004（10）：37.

[61] 何永梅，李智群. 藠头的主要病虫草害防治技术要点[J]. 农药市场信息，2012（23）：41-42.

[62] 唐祥宁，游春平，刘达凤. 藠头炭疽病初侵染源及发生规律研究[J]. 江西农业大学学报，1996（3）：355-359.

[63] 童贤明，王政逸，施志龙. 浙江省舟山市藠头炭疽病病原及其生物学特性研究[J]. 植物保护学报，1998，

25(3)：249-252.

[64] 熊水平，钱月霞，胡铭，等. 薤头根腐病的发生及综合防治[J]. 现代农业科技，2008(21)：140.

[65] 唐祥宁，邓建玲，李亚英. 薤头软腐病的研究[J]. 中国蔬菜，2007(5)：11-17.

[66] 吴承春. 侵染薤头的病毒种类鉴定及其部分病毒序列基因组特性分析[D]. 武汉：华中农业大学，2009.

[67] 陈炯，陈剑平. 薤线状病毒基因组全序列测定及系统进化树分析[C]//中国植物病理学会第七届代表大会暨学术研讨会论文摘要集，2002.

[68] 邓望喜，李建洪，胡浩纹，等. 薤头上刺足根螨的系统防控技术措施[J]. 湖北植保，2006(2)：17-18.

[69] 叶国东，张建军. 薤头刺足根螨的无公害防治技术[J]. 长江蔬菜，2004(8)：27.

[70] 黎贤伟，程年娣，叶生海，等. 薤头刺足根螨的发生与防治[J]. 中国植保导刊，2005(9)：23-24.

[71] 胡铭，缪千里，徐樟海，等. 薤头刺足根螨发生规律与防治方法[J]. 现代园艺，2008(12)：43.

[72] 杨廉伟，陈将赞，杨坚伟，等. 薤大蒜根螨发生规律及其防治技术研究[C]//中国植物保护学会学术年会，2007.

[73] 何世民. 薤除草药剂筛选试验[J]. 湖北植保，1999(5)：22-23.

[74] 万新建，方荣，周坤华，等. 太阳热土壤消毒对薤头生长的影响[J]. 江西农业学报，2009，21(10)：73-74.

[75] 吴玉斌，林启训，郭伟峰. 护色处理对薤白茎叶叶绿素含量的影响[J]. 保鲜与加工，2003，3(5)：17-18.

[76] 周向荣，夏延斌，周跃斌，等. 我国薤头腌制加工技术研究现状[J]. 现代食品科技，2006，22(3)：269-271.

[77] 何运智，冯健雄，熊慧薇. 薤头加工方法的现状与展望[J]. 江西农业学报，2007，19(12)：91-92.

[78] 张可祯，陈景任，杨书华. 出口腌渍薤头产品加工技术与标准[J]. 湖南农业科学，2007(4)：176-179.

[79] 蓬开文. 生产盐渍薤头的操作要点[J]. 农产品加工，2006(8)：48-49.

[80] 包永祺. 出口荞头的发酵加工工艺[J]. 上海农业科技，1991(2)：37.

[81] 董坤明. 出口盐渍薤头加工技术[J]. 四川制糖发酵，1990(3)：35-36.

[82] 乐正智，聂永斗. 盐渍薤头加工技术[J]. 长江蔬菜，1990(3)：43.

[83] 夏桂珍. 出口甜酸薤头的腌制与加工[J]. 中国调味品，1996(11)：31.

[84] 李赤翎. 软包装甜酸荞头的生产[J]. 食品工业科技，2002(2)：90-91.

[85] 涂宗财，叶驰云，曹树稳，等. 甜酸薤软罐头生产工艺[J]. 中外技术情报，1995(6)：47.

[86] 曾宏. 真空袋装糖醋薤头快速生产技术[J]. 食品科学，1992(10)：61.

[87] 易诚，宾冬梅. 甜酸薤头加工新工艺[J]. 中国果菜，2001(4)：27.

[88] 张晓珍. HACCP 在甜酸薤头生产中的应用[J]. 湖南科技学院学报，2006，27(5)：82-84.

[89] 夏桂珍，杨建功，成英. HACCP 体系在出口甜酸薤加工中的应用[J]. 江苏调味副食品，2004，21(3)：16-19.

[90] 黄芝丰，涂宗财. 甜酸荞头罐头荞头腌制的研讨[J]. 食品工业，1996(3)：48-49.

[91] 黄建明. 糖醋薤头罐头新工艺的研究[J]. 食品工业科技，1992(3)：26-27.

[92] 唐春红，罗远强. 盐渍薤头新工艺[J]. 食品与机械，2001(6)：8-10.